精确制导技术应用丛书

→ → Air-to-Air Missile

空空导弹

白晓东　刘代军　张蓬蓬　沈　康　王军平　曹旭东　宋志勇　李丽娟　编著
闫　俊　樊世杰　张俊宝　刘丰观　樊小景　刘　珂　任丽莉　秦文娟

国防工业出版社

·北京·

图书在版编目 (CIP) 数据

空空导弹 / 白晓东等编著 . -- 北京：国防工业出版社，2014.1
（精确制导技术应用丛书）
　　ISBN 978-7-118-09207-3

Ⅰ.①空… Ⅱ.①白… Ⅲ.①空对空导弹—导弹制导 Ⅳ.① TJ762.2

中国版本图书馆 CIP 数据核字 (2013) 第 267893 号

※

国防工业出版社 出版发行
（北京市海淀区紫竹院南路 23 号　邮政编码 100048）
国防工业出版社印刷厂印刷
新华书店经售

*

开本 710×1000　1/16　印张 9.5　字数 165 千字
2014 年 1 月第 1 版第 1 次印刷　印数 1—20000 册　定价 45.00 元

（本书如有印装错误，我社负责调换）

国防书店：(010)88540777　　　发行邮购：(010)88540776
发行传真：(010)88540757　　　发行业务：(010)88540717

精确制导技术应用丛书

《空空导弹》分册编审委员会

主　任	蒋教平		
副主任	赵汝涛	李　陟	付　强
委　员	齐树壮	魏毅寅	苏锦鑫	白晓东
	张天序	朱平云	刘著平	袁健全
	刘　波	李天池	景永奇	刘继忠
	姚　郁	吴嗣亮	史泽林	陈　鑫
	朱鸿翔	刘逸平	肖龙旭	王雪松
	武春风	刘　忠	任　章	陈　敏
秘　书	梁　波		

序　Prologue

现代战争离不开制空权的支持,而性能先进的空空导弹是夺取制空权的重要保证,在现代空战中发挥着越来越显著的作用。精确制导技术最早应用于空空导弹,1958年空空导弹就用于实战,并在以后的越南战争、英阿马岛战争、中东战争、海湾战争等较大规模的军事冲突中大量使用。尤其是近20年来的局部战争实践证明,空空导弹已成为击落敌空中目标的首要手段。

"精确制导技术应用丛书"之《空空导弹》分册重点介绍了空空导弹的系统组成、产品分类、使用特点、制导技术原理和应用等。全书共分为五章:第一章从美国"响尾蛇"AIM-9B空空导弹入手,介绍空空导弹的基本概念;第二章阐述空空导弹的发展历程以及典型装备;第三章介绍空空导弹之"核心"——精确制导技术,对红外制导、雷达制导的制导原理、发展历程及应用特点进行了分析,并对多模制导技术进行了简要介绍;第四章分析了空空导弹面临的战场环境及具体的应对措施;第五章对未来空空导弹及其精确制导技术的发展进行

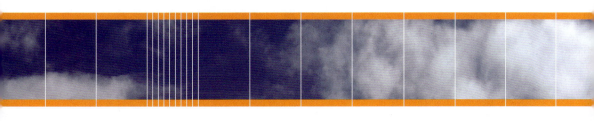

了展望。

《空空导弹》分册由总装备部精确制导技术专业组、中航工业集团公司空空导弹研究院的部分专家和国防科技大学部分师生编撰而成。该书主要面向部队广大官兵读者，也可供武器装备爱好者阅读。全书内容深入浅出、通俗易懂、图文并茂，战例生动活泼，融知识性和趣味性于一体，是一本介绍空空导弹精确制导技术的大众图书。

希望该书的出版能够得到部队广大官兵读者的喜爱，为普及空空导弹及精确制导技术基础知识，提高官兵应用精确制导武器打赢现代化战争的能力和素养，为国防事业的现代化建设起到积极的推动作用。

2013 年 9 月

目录 Contents

001 第一章　空空导弹的基本概念

002　一、从"响尾蛇"说起

003　二、空战的"神兵利器"——空空导弹

004　　（一）麻雀虽小、五脏俱全——空空导弹的组成

009　　（二）分门别类、各显神威——空空导弹的分类

015　　（三）独具特色、引领风骚——空空导弹的特点

019　　（四）灵活多变、有的放矢——空空导弹的使用模式

021　三、"桃园三结义"——空空导弹武器系统

031 第二章　空空导弹的发展历程和典型装备

034　一、摇篮期——第一代空空导弹

034　　（一）第一代红外型空空导弹

039　　（二）第一代雷达型空空导弹

040　二、发展期——第二代空空导弹

040　　（一）第二代红外型空空导弹

041　　（二）第二代雷达型空空导弹

042　三、成熟期——第三代空空导弹

042　　（一）第三代红外型空空导弹

044　　（二）第三代雷达型空空导弹

046　四、跃升期——第四代空空导弹

046　　（一）第四代红外型空空导弹

050　　（二）第四代雷达型空空导弹

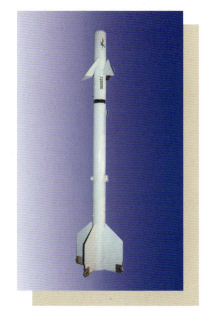

057 第三章 空空导弹精确制导技术及特点

- 058 一、红外制导技术及特点
- 059 （一）什么是红外辐射
- 060 （二）目标的红外辐射特性
- 063 （三）红外导引系统的工作原理
- 065 （四）红外导引系统的功能和组成
- 071 （五）红外导引头的分类和发展
- 079 （六）红外导引系统的优缺点
- 080 二、雷达制导技术及特点
- 080 （一）什么是雷达探测
- 082 （二）目标的雷达散射特性
- 085 （三）雷达导引系统的工作原理
- 091 （四）雷达导引系统的功能和组成
- 095 （五）雷达导引头的分类和发展
- 102 （六）雷达导引系统的优缺点
- 102 三、多模导引技术及特点
- 102 （一）多模导引技术概述
- 103 （二）多模导引头的主要复合方式
- 106 （三）多模导引系统的优缺点

107 第四章 空空导弹精确制导技术面临的挑战

- 108 一、空空导弹面临的战场环境
- 108 （一）风云多变的自然环境
- 109 （二）无处不在的电磁环境
- 111 （三）复杂多样的目标环境
- 115 二、战场环境对空空导弹的挑战及应对措施
- 115 （一）自然环境对空空导弹的挑战及应对措施
- 118 （二）人为干扰对空空导弹的挑战及应对措施
- 127 （三）目标环境对空空导弹的挑战及应对措施

目录

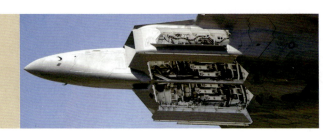

131 第五章 未来空空导弹精确制导技术应用展望

132　一、未来空空导弹发展趋势

138　二、空空导弹精确制导技术发展方向

138　　（一）多波段红外成像探测技术

139　　（二）相控阵雷达导引技术

139　　（三）多模复合导引技术

141　三、结束语

142 参考文献

第一章 空空导弹的基本概念

一、从"响尾蛇"说起

二、空战的"神兵利器"——空空导弹

三、"桃园三结义"——空空导弹武器系统

一、从"响尾蛇"说起

在空空导弹家族中，有许多型号都是以蛇来命名的，如美国著名的"响尾蛇"系列空空导弹、以色列的"怪蛇"（"蟒蛇"）系列空空导弹、俄罗斯的"蝰蛇"系列空空导弹、意大利的"蝮蛇"（阿斯派德）系列空空导弹、德国的"毒蛇"系列空空导弹等。空空导弹在特点上有许多与蛇相似的地方：纤细、迅猛、精确、致命！

1946 年，美国海军军械测试站（Naval Ordnance Test Station，NOTS）的麦克利恩（Willian B. McLean）博士开始研制一种"寻热火箭"。1949 年 11 月，他设计出了红外导引头的核心——红外探测器。以此为基础，美国在 1953 年研制出了闻名遐迩的第一种红外型精确制导导弹——"响尾蛇"空空导弹，开创了精确制导技术应用的先河。

受作战飞机挂载能力的限制，空空导弹一般体积小、重量轻，导弹要在目标极近距离内（一般小于 20m）才能实现有效杀伤，加之作战目标的高速、高机动特性使得空空导弹对制导精度的要求更为苛刻。

"响尾蛇"空空导弹之父——麦克利恩博士

二、空战的"神兵利器"——空空导弹

早期的飞机空战中，双方只能通过手枪相互射击，恐吓意义远大于实战意义。很快，科学家们就为飞机装备了机炮，机炮的出现使飞机可以"近身肉搏"了。第二次世界大战末期，科学家们又为飞机创造了新的"神兵利器"——空空导弹，自此空空导弹走上了绚丽多彩的空战舞台。

那么，什么是空空导弹呢？

空空导弹是由飞机携带，从飞机上发射，攻击并摧毁敌空中目标的导弹。它是空中搏击的"敏捷拳手",也是现代空战"一锤定音"的关键。由于空空导弹的发射平台和打击目标都处于高速运动之中,因此它是导弹家族中独具特色的一个分支,也是较早应用精确制导技术的导弹。

F-15战斗机发射AIM-7空空导弹

(一)麻雀虽小、五脏俱全——空空导弹的组成

空空导弹通常由导引系统、飞控系统、推进系统、能源系统、引战系统、弹体系统和数据链系统构成。

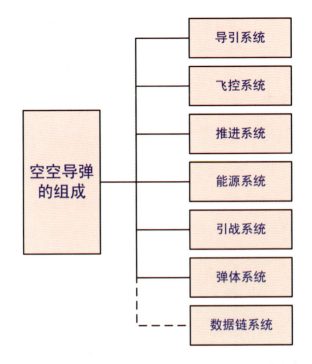

空空导弹的组成

导引系统用于接收并处理来自目标、机载火控系统和其他来源的目标信息,截获、跟踪目标并向空空导弹的飞控系统输出导引信号。导引系统按使用的信息种类分为红外导引系统、雷达导引系统等。

飞控系统用来控制空空导弹运动和稳定弹体姿态。通过对弹体的俯仰运动、偏航运动以及横滚运动的控制,使空空导弹在整个飞行过程中具有稳定的飞行姿态和响应制导指令的能力,控制导弹按照预定的导引规律飞向目标。

推进系统为空空导弹提供飞行动力,保证导弹获得所需的飞行速度和射程。目前,空空导弹大多采用固体火箭发动机,近年来为实现空空导弹远射程的要求,出现了整体式固体火箭冲压发动机。

能源系统主要为空空导弹提供工作时所需的电源、气源和液压源等。

引战系统是毁伤目标的最终利刃。其主要功能是当空空导弹飞行至目标附近或碰撞目标时,对目标进行探测感知并按照预定要求引爆战斗部毁伤目标。

弹体系统是空空导弹的"躯干",由弹身、弹翼和舵面等组成。既要将导弹的各个部分构成一个有机整体,又要设计好的外形、低的阻力和好的升力,产生一定的导弹气动控制力。

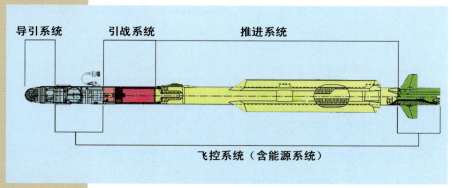

典型红外型空空导弹组成

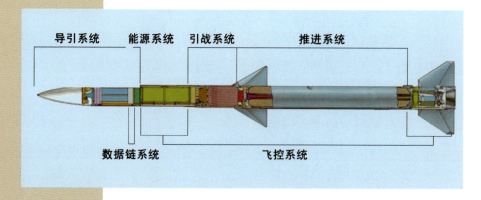

典型雷达型空空导弹组成

数据链系统用来实现空空导弹飞行过程中与载机的通信,一般用于传送载机对目标的测量信息。

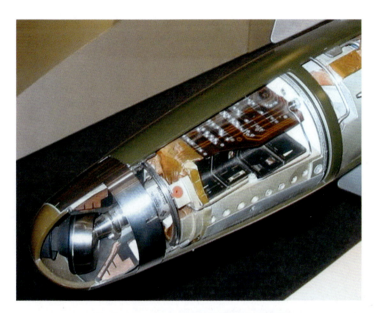

美国 AIM-9L 空空导弹导引系统

俄罗斯 R-77 空空导弹飞控组件

美国 AIM-9X 空空导弹激光引信

欧洲"流星"空空导弹固体火箭冲压发动机

（二）分门别类、各显神威——空空导弹的分类

1. 按导引方式分类

1）红外型空空导弹

红外型空空导弹通过敏感目标的红外辐射能量来探测、跟踪目标并进行导引，具有导引精度高、机动能力强、可离轴发射、系统相对简单且"发射后不管"等特点。由于目标的红外辐射在大气中会被吸收、散射，红外型空空导弹在使用中易受到云、雨、雾等气象条件的影响，一般不具备全天候使用能力。

> 导弹机动性：导弹在一定时间内改变其飞行速度大小和方向的能力。
> ——《空空导弹术语》（HB7480-1997）
>
> 离轴瞄准：在导弹的位标器轴偏离弹轴的情况下对目标进行捕获和跟踪。
> ——《空空导弹术语》（HB7480-1997）
>
> "发射后不管"空空导弹：指发射后不依赖或较少依赖载机而自行导向目标的空空导弹。——《空空导弹术语》（HB7480-1997）

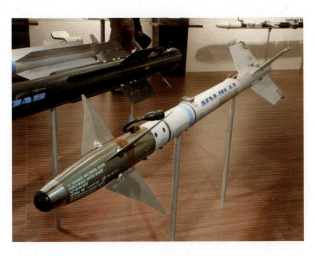

美国 AIM-9L 空空导弹

中国 PL-5E Ⅱ 空空导弹

美国 AIM-9X 空空导弹

2）雷达型空空导弹

雷达型空空导弹利用电磁波对目标进行探测、跟踪并进行导引，通常具有攻击距离远、可全天候使用、系统相对复杂等特点。雷达型空空导弹在使用过程中会受到电子干扰设备以及地/海杂波的影响,在设计时需采取相应解决措施。

美国 AIM-7M 空空导弹

美国 AIM-120A 空空导弹

2. 按作战用途分类

1）近距格斗型空空导弹

近距格斗型空空导弹发射距离在 20km 以内，主要用于视距内空战，一般为红外型空空导弹。

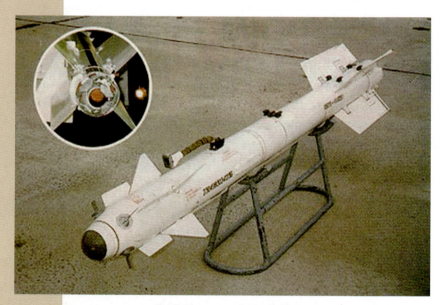

俄罗斯 R-73 空空导弹

英国 ASRAAM 空空导弹

中国 PL-9C 空空导弹

2）中距拦射型空空导弹

中距拦射型空空导弹最大发射距离一般为 20km ~ 100km，用于视距外拦截，多为雷达型空空导弹。先进中距拦射型空空导弹常采用复合制导方式来扩大攻击距离。

美国 AIM-120C 空空导弹

俄罗斯R-77空空导弹

3）远距截击型空空导弹

远距截击型空空导弹的发射距离达到200km以上，其攻击对象主要是加油机、预警飞机、电子战飞机等高价值目标，具有重要的战术和战略价值。

俄罗斯R-33空空导弹（机腹下）

（三）独具特色、引领风骚——空空导弹的特点

一是末制导精度高。空空导弹战斗部受到尺寸和重量的限制只有几千克到几十千克，有效杀伤半径一般只有几米到十几米。为保证有效摧毁目标，要求空空导弹有极高的制导精度。

二是机动能力强。要完成对大机动目标的攻击，必须具有远大于目标的机动能力才能不被目标甩掉。目前，空空导弹的最大机动能力可达60以上。

三是飞行速度快。要想形成对高速目标的有效打击，就必须要有比目标更快的飞行速度，以迅雷不及掩耳之势对目标进行打击。目前，空空导弹最大飞行速度可达5倍声速以上。

空空导弹高速飞行

四是尺寸小、重量轻。由于受载机的限制，空空导弹一直采用集成化和模块化的设计思路，具有较小的物理尺寸和重量。目前，空空导弹的弹长大多在4m以内，重量只有一二百千克，甚至几十千克。

空空导弹挂机飞行

五是环境适应能力强。空空导弹可在25km的高空飞行，也可在海平面掠海飞行，并且使用环境多样，能在高温、低温、盐雾、淋雨、振动、飞机着陆冲击、霉菌等各种复杂的环境中可靠工作。

空空导弹具有良好的耐高温性

空空导弹雨后检测

六是抗干扰能力强。各种光电、电磁等人为干扰以及太阳、云、雨、雾、地/海杂波等背景干扰对空空导弹探测目标构成了严重威胁。空空导弹需具有很强的抗干扰能力才能在复杂的干扰环境中对目标识别和跟踪。

七是准备时间短。由于发射平台和目标的高速运动，空战态势瞬息万变，要想在战斗中取得先机，空空导弹必须具有快速准备和发射能力。

F-16战斗机携带多种空空导弹

（四）灵活多变、有的放矢——空空导弹的使用模式

1. 红外型空空导弹的使用模式

1）定轴瞄准/定轴发射

导引头光轴、弹轴以及飞机轴线方向一致，飞行员操纵飞机机头瞄准目标，当导引头截获目标后导弹发射，离开发射装置后，导引头位标器自动解锁并跟踪目标。在导弹发射过程中载机必须始终瞄准目标，作战使用中操作不方便，限制了载机的飞行状态，并且容易丢失目标，早期作战中多使用该种模式。

> 位标器：接收和汇聚来自目标的辐射或反射能量，给出目标方位信息的装置。
> ——《空空导弹术语》（HB7480-1997）

2）定轴瞄准/离轴发射

飞行员操作飞机机头对准目标，导引头截获目标后，位标器解锁，自主跟踪目标后发射导弹。此种使用模式能在载机和目标的视线偏离机身轴线的条件下发射导弹，相对于定轴瞄准/定轴发射有了一定的使用灵活性。

3）定轴扫描/离轴发射

在未截获目标时，导引头位标器处于"解锁"状态，进行定轴扫描，截获目标后立即转入自主跟踪状态，然后发射导弹。此种使用模式扩大了空空导弹的截获范围，使用灵活性进一步提高。

4）离轴随动/离轴发射

导引头位标器可随动至机载雷达或光电雷达、头盔瞄准具等提供的目标指向方向上，自动截获目标。此种使用方式极大地简化了飞行员的操作，在使用中有利于捕捉作战时机，但要求导引头具有快速随动能力。

头盔随动离轴发射示意图

2. 雷达型空空导弹的使用模式

1）复合制导使用模式

第四代雷达型空空导弹一般采用"程序初制导＋惯导/数据链中制导＋主动雷达末制导"的复合制导模式攻击目标，即空空导弹离架后利用程序初制导、惯导/数据链中制导进行飞行，接近目标时利用主动雷达导引头完成末制导。复合制导方式作用距离远，保证了空空导弹的中距、远距作战，被广泛用于第四代雷达型空空导弹。

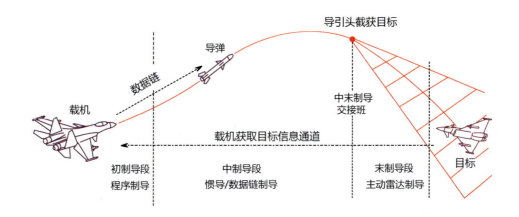

复合制导使用模式示意图

2)"发射后不管"使用模式

主动雷达型空空导弹在载机与目标的距离较近时发射,发射后导弹可在无载机雷达指示信息下自主截获目标。载机发射空空导弹后即可机动脱离,有利于载机的生存和安全,但攻击距离会受到限制。

3)非全仪表使用模式

当载机雷达系统受到干扰致使目标指示信息不全时,发射空空导弹。导弹发射后,导引头自主搜索、截获目标。此种使用模式导弹命中概率低,为非常规使用模式。

三、"桃园三结义"——空空导弹武器系统

空空导弹要想发挥自己的"十成武功",必须依靠载机和机载火控系统的大力支持,通过"桃园三结义"构成一个和谐有机的整体——空空导弹武器系统。

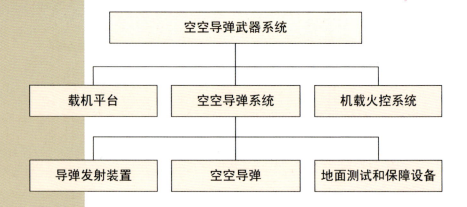

空空导弹武器系统组成

　　载机是空空导弹的挂载和发射平台，主要用于将空空导弹携带到指定空域，按照规定的程序发射空空导弹并攻击目标。载机一般包括战斗机、武装直升机等。

携带空空导弹的 F-16 战斗机

美国 F-22 隐身战斗机发射 AIM-9L 空空导弹

机载火控系统是机载火力与指挥控制系统的简称,主要用于实现战场态势感知、目标信息探测与指示、空空导弹攻击区计算等。通常由外挂管

战斗机座舱内部结构

理子系统、目标搜索跟踪子系统、机载惯导系统、任务计算机和显示控制子系统等组成。

空空导弹系统包括空空导弹、导弹发射装置、地面测试和保障设备等。导弹发射装置主要用于实现空空导弹与飞机的挂装、能源供给、信息传送，并按照时序要求配合空空导弹完成安全分离。导弹发射装置通常有导轨式和弹射式。

美国F-22隐身战斗机采用的内埋弹射式发射装置

美国 AIM-120A 空空导弹采用的导轨式发射装置

集束式四联装导轨式发射装置

地面测试设备主要用于对空空导弹和发射装置进行功能和性能指标的检查和测试。保障设备用于在导弹检测、对接、运输等使用中提供各种保障支持。

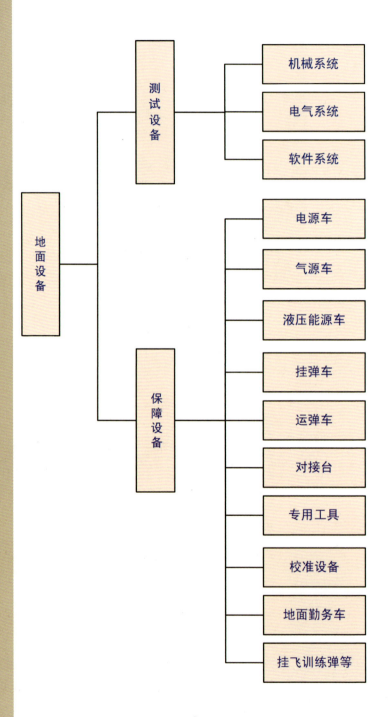

地面测试和保障设备的组成框图

空空导弹内场测试设备

地面测试车内部布局

自动挂弹车

运弹车

存弹架

工作人员正在挂装欧洲"流星"空空导弹

空空导弹典型使用战例——贝卡谷地空战

1982年6月9日，以色列为了摧毁在黎巴嫩贝卡谷地的叙利亚地空导弹阵地，陆、空军协同发动了一场大规模的突袭战。在两天的空战中，以色列共出动 F-4、F-15、F-16 等飞机 188 架次，叙利亚出动米格 -21、米格 -23 等飞机 116 架次。以色列空军取得了击落叙利亚飞机 81 架（美国报道以色列共击落 81 架、以色列报道击落 90 架），而以方无一战机损失的辉煌战绩。以色列共发射了 56 枚美制"响尾蛇"AIM-9L 和 3 枚 AIM-9P 空空导弹，击落叙利亚飞机 41 架，杀伤率达 69%，其余飞机被以色列"怪蛇"-3 空空导弹击落。叙利亚空军在战斗中受到了重创，为避免更大的损失，停止了出击。

贝卡谷地空战中，以色列大量使用空空导弹夺取制空优势，为赢得战争提供了重要保障，起到了"一锤定音"的作用。在此次战斗中，空空导弹的使用也将空战模式带入了高技术战争时代，自此世界空战史翻开了崭新的一页。

第二章 空空导弹的发展历程和典型装备

02

一、摇篮期——第一代空空导弹

二、发展期——第二代空空导弹

三、成熟期——第三代空空导弹

四、跃升期——第四代空空导弹

空空导弹的"雏形"起源于第二次世界大战时的德国。1944年德国研制了世界上第一型空空导弹X-4。X-4空空导弹利用位于两片弹翼顶端的控制导线进行制导,利用另外两片弹翼顶端的曳光管观察航迹。导弹采用液体火箭发动机,战斗部杀伤半径为7.5m,但这种世界上第一型空空导弹未能投入实战使用。第二次世界大战后,空空导弹得到迅速发展,逐渐形成了红外和雷达两种制导体制互补,远、中、近距搭配的空空导弹家族。

红外型和雷达型空空导弹的发展历程

空空导弹的鼻祖 X-4

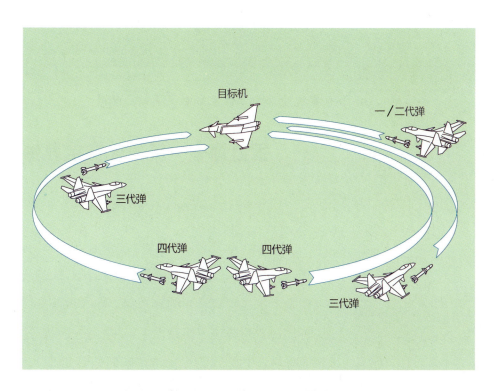

各代红外型空空导弹主要攻击模式示意图

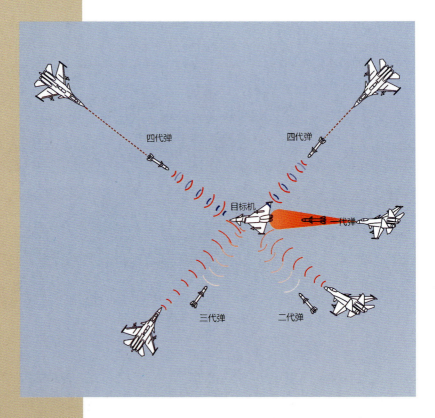

各代雷达型空空导弹主要制导模式示意图

一、摇篮期——第一代空空导弹

（一）第一代红外型空空导弹

第一代红外型空空导弹出现于20世纪40年代，导引头使用非制冷硫化铅探测器探测飞机发动机尾喷口产生的热辐射。导弹只能从目标尾后进行攻击，机动性差，主要作战对象是轰炸机。典型代表有美国的"响尾蛇"AIM-9B、苏联的K-13等。

红外型空空导弹的由来

美洲大陆有一种特有的毒蛇——响尾蛇。尽管响尾蛇的视力极差,但却能在漆黑的夜晚捕捉到活蹦乱跳的田鼠、松鼠等小动物,奥秘之处在于其面颊处的两个颊窝。颊窝对周围温度极其敏感,不仅能感受到周围温度极微小的变化,而且可准确判断发热物体的位置,也被形象地称为"热眼",响尾蛇正是利用这一独特功能来捕获动物。在此启发下,美国物理学家麦克利恩博士设计出了红外探测器,并研制出了第一代红外型空空导弹,命名为"响尾蛇"空空导弹。

AIM-9B空空导弹是世界上第一种大量投产的红外型空空导弹,于1948年开始研制,1953年首次发射试验成功,1956年投入部队使用。其作战使用情况并不理想,据美军统计,越南战争中AIM-9B空空导弹的命

美国 AIM-9B 空空导弹

中率只有 16%，印巴战争中 AIM-9B 空空导弹的命中率为 27%。尽管如此，第一代红外型空空导弹的出现开创了红外导引技术在机载制导武器中应用的先河，改变了以往使用机炮的空战模式，具有划时代的意义。

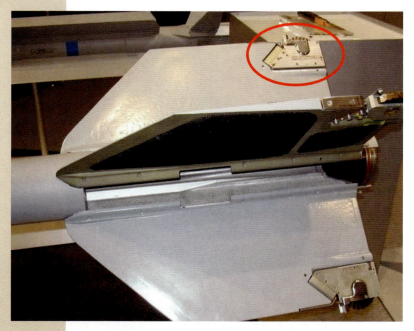

美国 AIM-9B 空空导弹的陀螺舵

空空导弹的第一次作战使用

"响尾蛇" AIM-9B 空空导弹是世界上第一种实战使用的空空导弹。1958 年 9 月 24 日，国民党空军出动 24 架 F-86F 飞机，携带美制 "响尾蛇" AIM-9B 空空导弹分两路窜犯大陆浙江省温州、瑞安、乐清地区上空。我海军航空兵某部米格-15

飞机从路桥机场起飞进行拦截,双方展开激烈空战。我飞行员王自重与敌军企图偷袭的12架敌机相遇。王自重驾驶的飞机被F-86F发射的5枚"响尾蛇"AIM-9B空空导弹中的1枚击中,王自重不幸牺牲。这种血的教训向我们提示了装备新式武器的重要性,也进一步说明了落后就要挨打的道理。

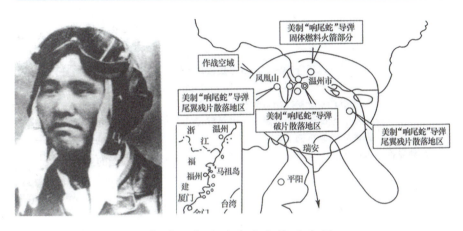

飞行员王自重及台海空战示意图

F-86F战斗机挂载美国AIM-9B空空导弹

1962年，我国开始研制第一代红外型空空导弹——PL-2。1967年7月，PL-2空空导弹靶试成功，标志着我国具备了自主研制红外型空空导弹的能力。

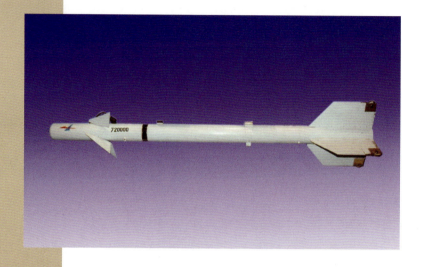

中国 PL-2 空空导弹

战备中的中国 PL-2 空空导弹

（二）第一代雷达型空空导弹

第一代雷达型空空导弹出现于 20 世纪 40 年代。美国休斯飞机公司于 1947 年研制成功了"受激辐射微波放大"(MASER) 器件，并在此基础上，研制出了一种不受气象条件限制的雷达制导空空导弹。采用雷达驾束制导模式，可在尾后 ±45° 范围内攻击自卫火力较强的轰炸机。第一代雷达型空空导弹机动能力和抗干扰能力较差，使用效果不理想。典型代表有美国的"猎鹰"AIM-4 和"麻雀"AIM-7A、苏联的 K-5 和中国的 PL-1 等。

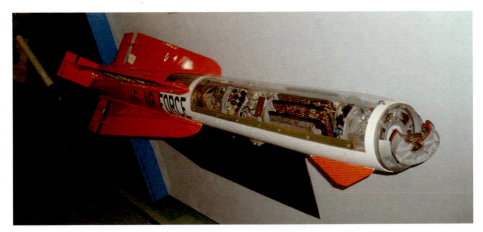

美国 AIM-4 空空导弹剖视图

中国 PL-1 空空导弹

二、发展期——第二代空空导弹

（一）第二代红外型空空导弹

鉴于第一代红外型空空导弹在探测能力、机动能力上的不足，20世纪50年代第二代红外型空空导弹开始发展。采用制冷硫化铅探测器提高导弹探测能力，其探测灵敏度和机动过载能力比第一代红外型空空导弹有一定的提高，可以从尾后稍宽的范围内对目标进行攻击，主要作战对象是超声速轰炸机和歼击机。典型代表有美国的"响尾蛇"AIM-9D/E、法国的"玛特拉"R550等。

受到导弹性能和使用灵活程度的限制，第二代"响尾蛇"空空导弹的使用战绩不佳，在越南战争中，发射成功时命中率为18.2%～34.5%。

美国AIM-9D空空导弹（下）

美国 AIM-9E 空空导弹

（二）第二代雷达型空空导弹

冷战时期，美苏两大超级大国致力于军备竞赛，运载核炸弹的远程战略轰炸机成为国家安全的主要威胁。为有效抗击远程战略轰炸机，第二代雷达型空空导弹应运而生。它采用圆锥扫描体制的半主动雷达制导方式，抗干扰能力较前一代有所提高。典型代表有美国的"麻雀"AIM-7E等。

"麻雀"AIM-7E 空空导弹由美国雷神公司研制，最大发射距离为 26km，可实现中距拦截。越南战争中，"麻雀"AIM-7E 空空导弹的命中率只有 9.34%，主要原因是导弹使用流程较为复杂，飞行员不能熟练掌握。

美国 AIM-7E 空空导弹

三、成熟期——第三代空空导弹

（一）第三代红外型空空导弹

20世纪70年代，鉴于在越南战争中的经验教训，美国开始了第三代红外型空空导弹的研制，采用了制冷锑化铟探测器，提高导引头探测灵敏度和跟踪能力，其导引头位标器可以和机载雷达、头盔随动，并具有一定的离轴瞄准和发射能力。典型代表有美国的"响尾蛇"AIM-9L/M、俄罗斯的R-73、以色列的"怪蛇"-3和中国的PL-9C等。

AIM-9L空空导弹使用制冷锑化铟探测器，灵敏度更高，能对飞机尾焰、尾喷口等进行探测，导弹基本具有对目标的全向攻击能力。

1982年的马岛战争中，英国"海鹞"舰载垂直起降战斗机共发射27枚AIM-9L空空导弹，

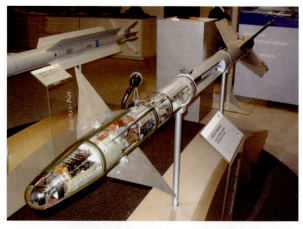

美国 AIM-9L 空空导弹剖视图

俄罗斯 R-73 空空导弹

其中 24 枚击中阿根廷战斗机。相比第二代红外型空空导弹 AIM-9D，AIM-9L 空空导弹的命中率有明显提高，达到 88.9%。

我国 20 世纪 80 年代开始了第三代红外型空空导弹的研制，主要研制型号为 PL-9 和 PL-5EⅡ，随后研制了具有抗红外诱饵干扰能力的 PL-9C 空空导弹和直升机专用的 TY90 空空导弹。

中国 PL-5EⅡ空空导弹

中国 PL-9C 空空导弹

中国 TY90 空空导弹

（二）第三代雷达型空空导弹

20世纪60年代末开展了第三代雷达型空空导弹的研制，其主要技术特点是采用单脉冲测角体制的半主动雷达导引头，可对具有电子干扰能力的超声速机动目标进行攻击。典型代表有美国的"麻雀"AIM-7F/M、俄罗斯的"白杨树"R-27P、中国的 FD-60 等。

美国 AIM-7M 空空导弹

俄罗斯 R-27P 空空导弹

海湾战争中,伊拉克共有 40 架飞机被击落,其中"麻雀"AIM-7F/M 导弹击落 28 架。"麻雀"空空导弹的成功使用表明超视距空空导弹在战争中发挥越来越重要的作用。

> **分秒之间辨胜负——美利空战**
>
> 美国与利比亚的空战发生于 1989 年。美国的 2 架 F-14 战斗机与利比亚的 2 架米格-23 战斗机交战,相距大约 22km 时,F-14 长机向米格-23 长机发射了第一枚"麻雀"AIM-7M 空空导弹。米格-23 受到攻击后,下降高度。12s 后,两机相距约 18.5km 时,F-14 长机又向米格-23 长机发射了第二枚"麻雀"空空导弹,但 2 枚导弹均未命中目标。F-14 长机下令分开,长机向左,僚机向右。2 架米格-23 这时直逼 F-14 僚机。F-14 僚机调整高度,在相距约 9km 处,发射 1 枚"麻雀"空空导弹,正面击中米格-23 僚机。10s 后,F-14 长机右转弯机动占位,绕到米格-23 长机尾后。在相距约 2.8km 处,F-14 长机发射 1 枚"响尾蛇"AIM-9M 空空导弹,从后侧击中目标。整个空战从发射第一枚空空导弹到退出战斗,仅用 1 分 16 秒。

四、跃升期——第四代空空导弹

(一)第四代红外型空空导弹

海湾战争等几场局部战争经验表明,随着交战飞机性能提高和对抗手段的升级,不具备复杂环境下作战和全向攻击能力的第三代红外型空空导弹已经难以满足现代空战的需求。20世纪90年代,美国开始了第四代红外型空空导弹的研究,采用了红外成像探测体制,在增加探测距离的同时,利用图像信息区分目标和干扰,有效提高了导弹的抗干扰能力;采用了平台式位标器,跟踪场达到±90°,并具有了与头盔瞄准具随动的能力,可对载机前方±90°范围内的目标实施快速攻击;采用气动力/推力矢量控制技术,能够实现"越肩发射"。典型代表有美国的"响尾蛇"AIM-9X、英国的ASRAAM、德国的IRIS-T、以色列的"怪蛇"-5等。

AIM-9X空空导弹于1993年开始研制,2002年进入美军服役。采用128元×128元凝视成像红外探测器,近距时能够得到目标的图像信息,显著提高了导引头的探测能力和抗干扰能力。其凝视成像导引头可与美国的新型"联合头盔提示系统"配合使用,实现"即视即射"的功能,大大减轻了飞行员的负担,并减少了导弹发射时间。另外,AIM-9X空空导弹采用推力矢量控制技术,能对侧方目标实施快速攻击,具有很强的近距离机动作战能力。

美国AIM-9X、英国ASRAAM和以色列"怪蛇"-5空空导弹

空空导弹 Air-to-Air Missile

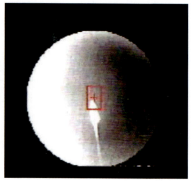

美国 AIM-9X 凝视成像导引头探测到飞机和水面上空目标的红外图像

与美国 AIM-9X 空空导弹联合使用的头盔瞄准具

美国 AIM-9X 空空导弹的推力矢量装置

第四代红外型空空导弹性能对比

导弹型号	AIM-9X	ASRAAM	IRIS-T	A-DARTER
国别	美国	英国	德国	南非
弹径 /mm	127	166	127	166
弹重 /kg	85	87	85	89
导引方式	凝视焦平面	凝视焦平面	线列扫描	线列扫描

（续）

导弹型号	AIM-9X	ASRAAM	IRIS-T	A-DARTER
最大跟踪范围 /(°)	±90	±90	±90	±90
迎头探测距离 /km	10~12	10~12	10~12	10~12
机动能力 /g	60	70	60	100
惯导系统	捷联惯导	捷联惯导	捷联惯导	捷联惯导
控制方式	推矢/气动	推矢/气动	推矢/气动	推矢/气动
近炸引信	激光引信	激光引信	激光引信	无线电引信
战斗部	离散杆战斗部	破片战斗部	离散杆战斗部	破片战斗部
主要装备机种	F-22/F-18/F-15/F-16	"台风"	"台风"	"幻影" F-1
服役时间	2002 年	2002 年	2004 年	不详

（二）第四代雷达型空空导弹

　　随着现代空战对抗性能的不断提高，第三代雷达型空空导弹在使用中载机不能脱离的劣势越来越明显。同时随着电子技术、雷达和惯导技术的不断发展和小型化，主动雷达导引头逐步具备了工程化的可能。20 世纪 70 年代末，美国开始了第四代雷达型空空导弹的研制，采用"多普勒主动雷达导引头、程序初制导＋惯导/数据链中制导＋主动雷达末制导"的复合制导方式，具备了"发射后不管"和多目标攻

美国 AIM-120A 空空导弹

俄罗斯 R-77 空空导弹

击能力。采用高升阻比气动外形、复合制导和改进发动机，显著提高了导弹发射距离，其发射距离一般为50km~75km。典型代表有美国的"先进中距空空导弹"AIM-120、俄罗斯的"蝰蛇"R-77和中国的SD-10A等。

中国SD-10A空空导弹

AIM-120空空导弹是第一种真正实现"发射后不管"的中距空空导弹。经过多年的研制和生产，AIM-120空空导弹已经出现了A/B/C/D多种改进型号，逐步提高了导弹作战性能和目标适应性，使其成为美军现役的主要装备之一。

美国 AIM-120 空空导弹系列化发展历程

型号名称	P3I 阶段	时间	研制和改进内容
AIM-120A	—	1989—1994	AIM-120 空空导弹基本型
AIM-120B	—	1992—1995	改进制导舱（WGU-41/B），导弹具备外场级可重新编程能力
AIM-120C3	1	1994—1998	优化气动外形（采用截梢的弹翼、舵面）；改进制导舱（WGU-44/B）并升级软件，增强导弹抗干扰能力
AIM-120C4	2	1997—1999	更换新型制导舱（WCU-28/C），进一步提高抗干扰能力；更换新型战斗部（WDU-41/B），增强导弹毁伤能力
AIM-120C5	2	1998—2000	更换新型发动机（长度增加127mm），压缩前弹体，导弹射程增加 15%~25%
AIM-120C6	2	1999—2003	更换新型引信系统和象限目标探测器，升级软件，提高导弹毁伤能力
AIM-120C7	3	2002—2007	升级雷达导引头软硬件，更换新型高性能处理器并升级软件，提高导引头信号处理能力
AIM-120D	4	2006—至今	GPS 辅助导航、双向数据链、大离轴角、改善导弹运动学特性扩大不可逃逸区

1992 年 12 月 27 日，AIM-120A 空空导弹首次用于实战。伊拉克的 2 架米格-25 战斗机闯入伊拉克南部禁飞区，被美国的 E-3 预警机发现，随即引导在禁飞区上空巡逻的 1 架 F-16D 战斗机进行拦截。F-16D 发射了 1 枚 AIM-120A 空空导弹将 1 架米格-25 击落。

AIM-120A 空空导弹的第二次使用发生在 1993 年 1 月 17 日。1 架 F-16C 战斗机用 1 枚 AIM-120A 空空导弹击落了伊拉克的 1 架米格-29 战斗机。AIM-120 系列空空导弹在实战中共发射 17 枚，有 10 枚击中目标，命中率为 60%，其中 6 次为超视距命中。

AIM-120 系列空空导弹的实战使用情况

序号	时间	载机	飞行员	武器型号	被击毁飞机
1	1992-12-27	F-16D	未知	AIM-120A	米格-25
2	1993-1-17	F-16C	未知	AIM-120A	米格-29
3	1994-2-28	F-16C	B.Wright	AIM-120A	G-4
4	1994-4-14	F-15C	E.Wickson	AIM-120A	UH-60A
5	1999-3-24	F-16A	P.tankink	AIM-120A	米格-29
6	1999-3-24	F-15C	C.Rondriguez	AIM-120C	米格-29
7	1999-3-24	F-15C	M.Shower	AIM-120C	米格-29
8	1999-3-26	F-15C	J.Hwang	AIM-120C	米格-29
9	1999-3-26	F-15C	J.Hwang	AIM-120C	米格-29
10	1999-5-27	F-16C	M.Geczy	AIM-120C	米格-29

以一敌多——波黑战争

1994年2月28日，在波黑地区上空巡逻的2架北约F-16C战斗机拦截了南联盟的4架G-4"超海鸥"轻型攻击机。F-16C长机首先发射AIM-120A空空导弹，击落了1架G-4；2min之后发射"响尾蛇"AIM-9L空空导弹，又击落1架G-4；1min之后再次发射"响尾蛇"导弹，击落第3架G-4。2min之后，飞来的另外2架F-16C战斗机将第4架G-4击落。F-16C创下了"一机三杀"的纪录，从此南联盟战机再也没有起飞。

第四代雷达型空空导弹性能对比

导弹型号	AIM-120A	R-77	Meteor"流星"	SD-10A
国别	美国	俄罗斯	欧洲	中国
弹径/mm	178	200	180	203
弹重/kg	158	175	185	199
最大攻击距离/km	75	80	大于100	70
机动能力/g	35	35	40	38
制导方式	捷联惯导+数据链+主动雷达	捷联惯导+数据链+主动雷达	捷联惯导+数据链+主动雷达	捷联惯导+数据链+主动雷达
推进方式	固体火箭发动机	固体火箭发动机	固体火箭冲压发动机	固体火箭发动机
主要装备机种	F-14/F-15/F-16/F-18	苏-30/米格-29	"台风"/"阵风"/"鹰狮"	JF-17

空空导弹
Air-to-Air Missile

空空导弹于20世纪40年代问世，在60多年间，空空导弹技术以惊人的速度发展，已历经四代，形成了一百多种型号的庞大空空导弹家族。随着空战目标性能的不断提高和空战战术的不断发展以及各种新理论、新技术、新材料的不断应用，空空导弹作战性能和战术使用灵活性不断提高，改变了以往的空战模式，成为夺取制空权的主战武器，在现代战争中将首当其冲，首当其用，其性能的高低已经成为决定战争胜负的重要因素。

第三章 空空导弹精确制导技术及特点

一、红外制导技术及特点

二、雷达制导技术及特点

三、多模导引技术及特点

一、红外制导技术及特点

红外导引系统是红外型空空导弹的重要组成部分,位于导弹最前端,也称红外导引头。它起着导弹"眼睛"和"大脑"的作用。

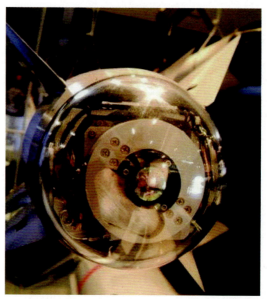

"怪蛇"—5空空导弹导引头

（一）什么是红外辐射

红外辐射是人眼看不见的电磁波，又称为红外光、红外线，其波长约为 0.75μm~1000μm，是英国科学家赫歇尔（Herschel）在 1800 年发现的。一切温度高于绝对零度（-273.16℃）的物体都不断地向外辐射红外线。

红外辐射波段介于可见光和微波波段之间，根据波长不同通常分为 4 个波段：短波红外（近红外）、中波红外（中红外）、长波红外（远红外）和极远红外。由于大气对红外辐射有吸收作用，只留下 3 个吸收较少的"窗口"，即短波红外（1μm~3μm）、中波红外（3μm~5μm）、长波红外（8μm~14μm），可让红外辐射通过，称其为"大气窗口"。在军事中经常用到这 3 个波段。

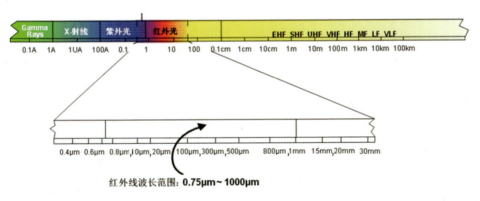

红外线电磁波谱图

红外与可见光图像对比

物体的红外辐射能量大小和物体表面温度有关。物体表面温度越高,其红外辐射强度越大。对于飞机、舰船、导弹等具有热动力的军事目标,其表面温度往往高于自然背景,可以利用红外探测装置对其进行探测,实现对目标的检测与识别。

(二)目标的红外辐射特性

空空导弹打击的目标主要是各种作战飞机。飞机的红外辐射源主要包括三部分:发动机尾喷口、尾气流和蒙皮。在特定角度下飞机蒙皮反射的太阳辐射也是一个重要的辐射源。

物体表面温度越高,红外辐射能量的峰值波长越短。对于飞机的红外辐射源,发动机尾

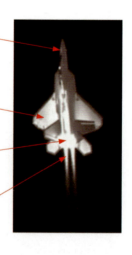

- 蒙皮辐射
- 蒙皮的阳光反射
- 尾喷口的高温辐射
- 尾气流的气体辐射与固体微粒辐射

飞机的红外辐射图

喷口温度最高，尾气流温度次之，蒙皮温度最低。因此，尾喷口的红外辐射峰值波长最短，而蒙皮的红外辐射峰值波长最长。

美国F-22隐身战斗机的可见光图

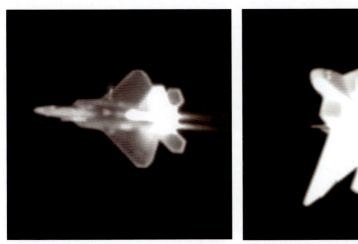

美国F-22隐身战斗机的红外辐射图

发动机尾喷口是一个较强的红外辐射源，一般温度在 400℃~1000℃ 范围。尾喷口最热部分的辐射强度一般集中在短波红外和中波红外波段。

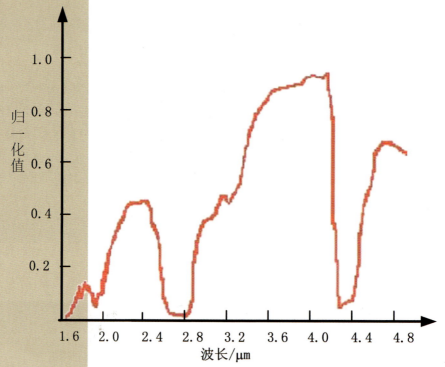

涡扇发动机尾喷口的红外辐射光谱分布图

尾气流是另一个主要的红外辐射源，温度大约是尾喷口温度的 85%。尾气流的红外辐射主要集中在中红外波段。

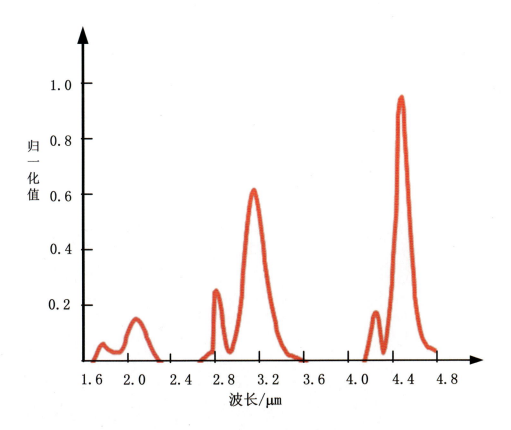

喷气发动机尾气流的红外辐射光谱分布图

蒙皮辐射由气动加热和发动机局部热传导产生,飞行速度越快,蒙皮温度越高。蒙皮辐射一般在长波波段辐射最强。

(三) 红外导引系统的工作原理

红外导引系统利用目标与背景的红外辐射差异将目标检测出来,并对目标进行跟踪和信息测量。

红外导引系统的工作原理与人眼对物体的观察识别极其相似。场景与目标辐射通过光学系统（眼睛的晶状体）入射到红外探测器（视网膜）上，探测器将目标辐射能量转变成电信号，对电信号进行放大、滤波处理（视觉神经反应）后，进入信息处理系统（人的大脑），对目标进行识别和计算，确定目标的方位和运动信息并发出指令。

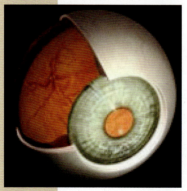

红外导引头和眼睛的特写

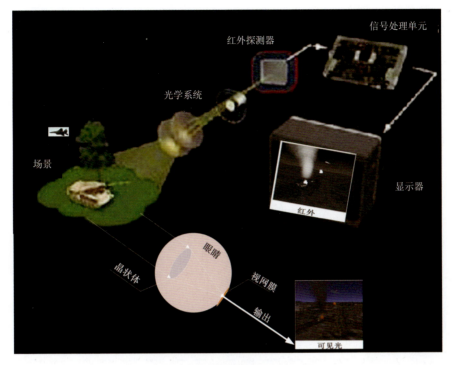

红外探测和眼睛成像示意图

(四)红外导引系统的功能和组成

红外导引系统完成对目标的探测、识别、捕获和跟踪,并测量目标在空间的角位置、运动角速度等参数,形成导引信息,传输给导弹制导回路,

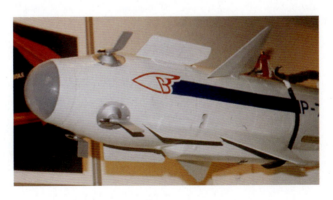

俄罗斯 R-73 空空导弹红外导引头

同时实现抗背景和人工干扰功能。

红外导引系统按功能划分，由红外探测系统、跟踪稳定系统、目标信号处理系统及导引信号形成系统等组成；按结构划分，一般由位标器和电子组件组成。

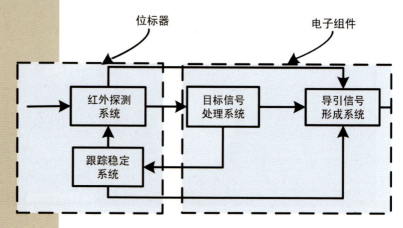

红外导引系统的基本组成

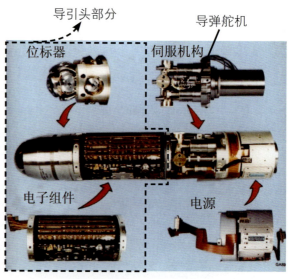

美国AIM-9R空空导弹制导控制舱结构组成

1. 位标器

位标器是一个集光、电、机械于一体的复杂装置，位于导引头最前端，主要由红外探测系统、跟踪稳定平台等组成，是实现导引头对目标辐射探测、隔离弹体运动、保持空间光轴稳定、完成随动和跟踪的核心组件。

德国 IRIS-T 空空导弹导引头位标器

美国 AIM-9X 空空导弹导引头位标器

1）红外探测系统

红外探测系统主要包括光学系统、红外探测器、预处理电路等。

（1）光学系统：其作用是将目标的辐射能量收集、聚焦在探测器上，同时抑制外面进来的杂射光。其中，光学整流罩还可隔离导弹飞行时的高速气流，保护导引头内部器件。

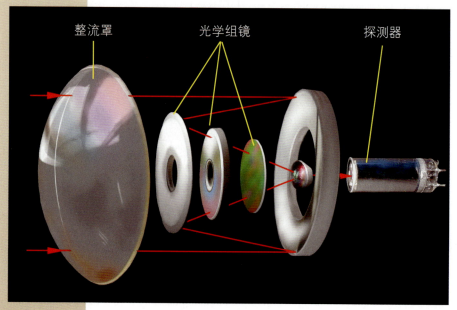

光学系统基本光路示意图

（2）红外探测器：将入射的红外辐射转变成电信号输出的传感器，是决定红外导引头性能的关键器件。按光敏元数目划分，探测器包括单元、多元、线列和面阵等类型；按工作波段划分，探测器包括短波、中波、长波等类型；按材料划分，探测器包括硫化铅（PbS）、硒化铅（PbSe）、锑化铟（InSb）、碲镉汞（MCT）等类型；按制冷方式划分，探测器包括固态制冷器（基于热电效应）、J-T 制冷器（开式循环制冷）、斯特林机械制冷器（闭式循环制冷）等类型。

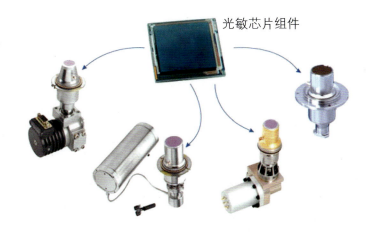

不同制冷方式的红外探测器

2）跟踪稳定平台

跟踪稳定平台的主要功能是隔离弹体运动，保持惯性空间稳定，实现目标跟踪。按位标器跟踪稳定原理可分为动力陀螺式、速率陀螺式和捷联稳定式三种。

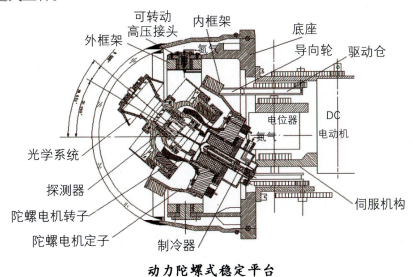

动力陀螺式稳定平台

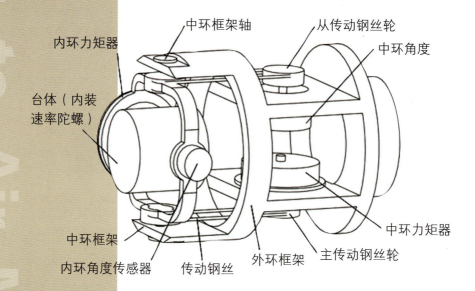

速率陀螺式稳定平台

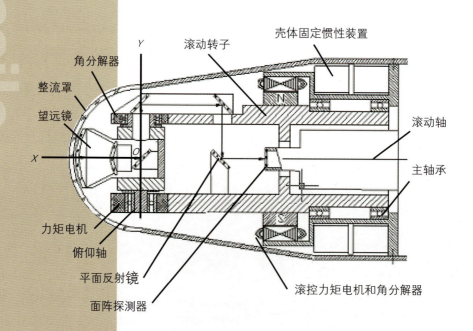

捷联稳定平台

2. 电子组件

电子组件主要由信号预处理电路、信息处理电路、稳定平台控制电路、功放电路、二次电源和软件等组成,主要完成目标的识别与截获、稳定跟踪、抗干扰、平台驱动、导引信号形成等功能。

(五)红外导引头的分类和发展

1. 红外导引头的分类

红外导引头按探测体制主要分为单元导引头、多元导引头和成像导引头。

(1)单元导引头:指用一个探测器敏感元对目标进行探测和跟踪,一般采用调制盘式探测系统。这种导引头技术简单、可靠,易于工程实现,但一般不具备抗人工干扰能力。

> 调制盘:是一种能透过和遮挡红外辐射的平面光学元件,上面设有调制花纹,放置于光学焦平面上。通过旋转,探测器产生一定规律的电流信号。

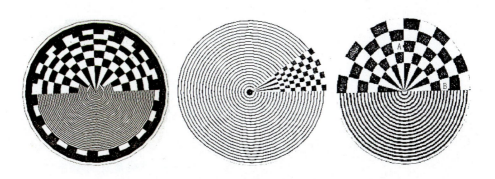

几种典型的调幅式调制盘花纹图案

调制盘

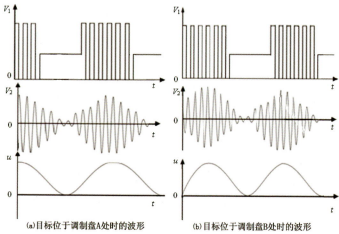

(a) 目标位于调制盘A处时的波形　　(b) 目标位于调制盘B处时的波形

调幅式调制盘及目标在不同位置处的调制信号

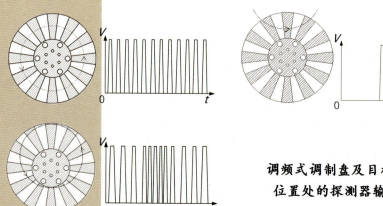

调频式调制盘及目标在不同位置处的探测器输出波形

（2）多元导引头：采用两个或四个及以上敏感元对目标进行探测。敏感元可为"L"形、"十"字形或"米"字形等，通过像点扫描实现多元脉位调制，提高了对目标的探测距离和空间分辨率，具备一定的抗人工干扰能力。

> 多元脉位调制：功能和调制盘式系统相同。采用多个条形探测器代替一个大敏感面探测器，取消了调制盘，让倾斜的主反射镜或次反射镜旋转，使像点在多个条形探测器上扫描，产生一定规律的电流信号。

四元"十"字形红外探测器

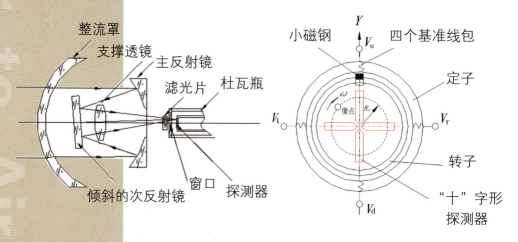

"十"字形脉位调制光学系统
和探测器布局图

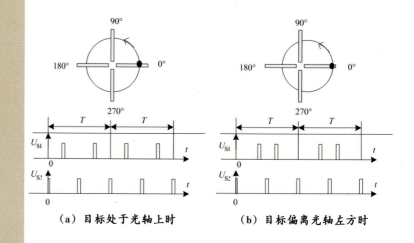

(a) 目标处于光轴上时　　(b) 目标偏离光轴左方时

"十"字形脉位调制系统目标方位和脉冲位置
关系图（U_{S1}为上下一组探测器输出信号，U_{S2}
为左右一组探测器输出信号）

（3）红外成像导引头：主要有线列扫描式和凝视成像式。线列扫描式成像导引头采用线列探测器，需设置光机扫描机构，通过扫描获得一定空域中景物的红外图像。凝视成像导引头采用面阵探测器，直接获得面阵探测器对应的空间景物热图像。红外成像导引头具有更高的空间分辨率，近距离探测可获得目标与干扰的形状信息；具有更高的温度分辨率，可提高目标与背景的对比度，因此具有更强的探测能力和抗干扰能力。

 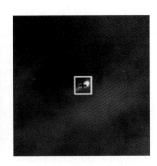

(a) 红外图像　　(b) 阈值分割后的二值图像　　(c) 跟踪目标

红外图像处理方式

2. 红外导引头的发展

红外导引技术一直与红外型空空导弹同步发展，并且红外型空空导弹的每次更新换代均以红外导引头的技术突破为其标志性特征。

1）第一代红外导引头

第一代红外导引头以美国 AIM-9B 空空导弹的导引头为代表。该类导引头采用非制冷的单元硫化铅探测器，响应波长为短波（$1\mu m \sim 3\mu m$）波段，探测系统工作体制为单元调制盘式调幅系统，采用模拟电路实现信号处理功能。非制冷硫化铅探测器的灵敏度较低，仅能对飞机尾喷口进行探测，最大作用距离为 5km 左右。采用动力陀螺式跟踪稳定平台，跟踪范围只有 ±12° 左右，跟踪角速度约为 11°/s，只能定轴瞄准，不具备与机载雷达等设备随动来扩大搜索范围的能力。

美国 AIM-9B 空空导弹的红外导引头

2）第二代红外导引头

第二代红外导引头以美国 AIM-9D 空空导弹的导引头为代表。该类导引头采用制冷单元硫化铅探测器，响应波长为短波（1μm~3μm）波段，探测系统工作体制为单元调制盘式调幅系统或调频系统，信号处理虽然仍采用模拟电路，但已由电子管电路过渡到晶体管电路。相对于上一代红外导引头，提高了探测灵敏度，对飞机的尾后作用距离可达 8km~10km。此外由于跟踪稳定平台性能有所改善，跟踪范围提升到 ±20° 左右。导引头的体积也显著减小，气动外形明显改善。

美国 AIM-9D 空空导弹的红外导引头

3）第三代红外导引头

第三代红外导引头以美国 AIM-9L 空空导弹的导引头为代表。该类导引头采用制冷锑化铟探测器，减小了探测器光敏元尺寸，响应波长改为中波（3μm~5μm）波段，增加了对飞机尾气流的探测能力，探测系统工作体制增加了脉冲或复合调制等更先进的体制，信号处理硬件也普遍采用集成电路等，初步具备了抗人工干扰能力。该类导引头探测灵敏度进一步提

美国 AIM-9L 空空导弹的红外导引头

高,基本实现了对飞机的全向探测,对飞机的最大作用距离可达20km以上。跟踪稳定平台的跟踪范围提升到±30°~±60°,跟踪角速度提升至30°/s~40°/s。导引头可实现与机载雷达、头盔随动。

4)第四代红外导引头

第四代红外导引头以美国AIM-9X空空导弹的导引头为代表。该类导引头采用线列或面阵探测器,响应波长多为中波（3μm~5μm）波段,采用红外成像探测体制。信息处理已实现了全数字化,采用弹载计算机信息处理能力大大提高。该类导引头具有更高的灵敏度和空间分辨能力,对飞机的迎头探测能力和抗人工

红外成像导引头及其对目标的
远、中、近距图像

干扰能力有很大提高。跟踪稳定平台改为速率陀螺式或捷联稳定式,位标器的跟踪范围提升到 ±60°~±90°,跟踪角速度 60°/s~90°/s,能对载机前半球范围内的目标进行探测,头盔随动范围进一步加大,导弹具备了"可视即可射"的能力。

(六) 红外导引系统的优缺点

红外导引系统具有如下优点:

(1) 角分辨率高, 导引精度高;

(2) 被动探测不易被发现;

(3) 可昼夜全天时使用;

(4) 体积小、重量轻、结构相对简单。

红外导引系统也具有一定的不足:

(1) 不具备全天候使用能力;

(2) 一般不具备对目标的测速/测距能力;

(3) 气动加热限制了导弹速度。

气动加热对红外导引头的影响

导弹在大气层内超音速飞行时,位于导引头前端的光学整流罩与外界气体分子高速碰撞,"挤压"在一起的气体分子形成高温致密的激波,加热了整流罩表面。激波和整流罩的红外辐射能通过光路进入红外探测器,造成背景噪声增加。导弹飞行速度越快,激波和整流罩温度越高,它们的红外辐射能量越强,背景噪声越大。当背景噪声高于飞机红外辐射能量时,目标"湮没"于背景噪声中,无法"看到"目标。

二、雷达制导技术及特点

雷达导引系统也称雷达导引头,是利用雷达探测原理对目标进行探测、跟踪。雷达波对云、雨、雾等具有较好的穿透能力,可全天候使用,是另一种"火眼金睛"。

(一)什么是雷达探测

雷达利用目标反射的电磁波来探测目标信息,就如同蝙蝠利用超声波的回波探测猎物一样。雷达是英文 Radar 的音译,源于 Radio Detection and Ranging 的缩写,原意是"无线电探测和测距"。随着技术的发展,雷达的功能已经超越其原意,不仅可以测定目标的距离,

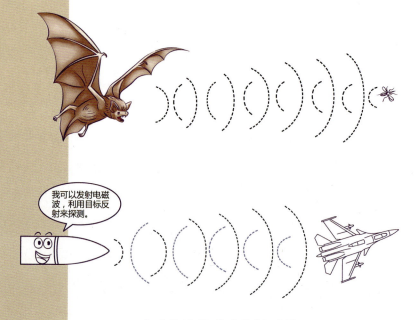

主动雷达导引系统探测原理

还可以测定目标的速度、角度等信息。特别是高分辨率雷达的问世，不但可以告诉目标在哪里，还可以告诉是什么样的目标。

雷达探测常用的电磁波频率范围为 220MHz～35GHz。随着技术的进步，这个频率范围也在不断扩展，某些雷达可以工作到 94GHz。

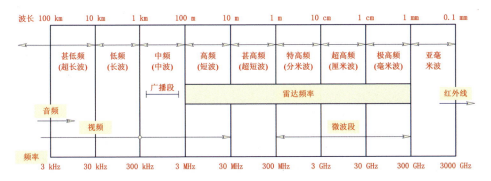

雷达频率和电磁波频谱

雷达的工作频率范围很宽，通常把它分为若干个波段，用 X、Ku、Ka、W 等英文字母来命名。空空导弹雷达导引系统常用的波段有 X 波段、Ku 波段、Ka 波段等。

HF	3MHz～30MHz
VHF	30MHz～300MHz
UHF	300MHz～1GHz
L 波段	1GHz～2GHz
S 波段	2GHz～4GHz
C 波段	4GHz～8GHz
X 波段	8GHz～12GHz
Ku 波段	12GHz～18GHz
K 波段	18GHz～27GHz
Ka 波段	27GHz～40GHz
W 波段	40GHz～100+GHz

雷达频段和对应的频率

工作频率对空空导弹雷达导引头性能的影响

工作波段 导引系统性能	X 波段	Ku 波段	Ka 波段
天线增益	低	中	较高
大气衰减	小	中	较大
全天候性能	优	优	良
角分辨率	低	中	高

（二）目标的雷达散射特性

空空导弹的攻击对象主要是各种类型的作战飞机，包括战斗机、轰炸机、预警机等。但随着军事装备的发展，巡航导弹和无人机也成为空空导弹需要考虑的攻击目标。

美国"全球鹰"无人机

雷达探测能力与目标对入射电磁波的散射特性息息相关，这种特性由目标的雷达散射截面积（Radar Cross Section，RCS）来度量。目标的RCS越大，被雷达"看到"的可能性就越大。

RCS的大小与目标的尺寸、形状、材料以及入射波的波段和入射角度等有关，单位为m^2。一般而言，结构尺寸越大，其RCS也越大，一只苍蝇的RCS约为$0.000025m^2$，一只大雁的RCS约为$0.016m^2$。

目标的几何形状对其RCS影响较大，目前，隐身飞机主要是通过特殊外形设计来减小其RCS；不同材料对电磁波的散射性能不同，也会影响RCS的大小，通常隐身飞机表面都涂覆特殊的吸波材料来进一步提高其隐身效果。

美国F-22隐身战斗机

目标 RCS 与入射波的频率也密切相关。例如，隐身飞机并不是在所有频率上 RCS 都很小，仅仅是在常用的雷达波段上具有隐身效果。这将为雷达反隐身提供了一种途径。

RCS 的大小还与入射波的入射角度相关。例如，雷达波对目标照射的方位角不同时，RCS 的大小也会变化。对于飞机目标，RCS 随着目标方位角的不同呈现规律性变化，最小值

飞机 RCS 统计平均值与波段的关系

飞机类型	不同波段的 RCS 值 /m²						
	VHF	UHF	L	S	C	X	Ku
F-15SE	6~40	4~6	0.4~1.2	0.4	0.4	0.4	0.4~0.8
F-117	7~75	1~7	0.1~1	0.02~0.1	0.02	0.02	0.02~0.1

飞机 RCS 统计平均值与方位角的关系（X 波段）

飞机类型	RCS 值 /m²	
	鼻锥向（±45°）	正侧向（90°±5°）
远程轰炸机 B-52	100	1000
战斗机 F-15	4	400
准隐身战斗机 F-15SE	0.4	10
隐身轰炸机 B-2	0.1	/
隐身轰炸机 F-117	0.02	0.1

出现在 5°～20° 范围（鼻锥方向为 0°），最大值出现在 90° 附近。通常取目标方位维 -45°～45° 范围内的 RCS 统计平均值作为其典型的 RCS 数值。

可以看出美国 F-35 隐身战斗机在不同的波段上的 RCS 是不同的，并且在不同的方位角上其 RCS 也不同，一般情况下鼻锥方向和尾后方向相对较小。

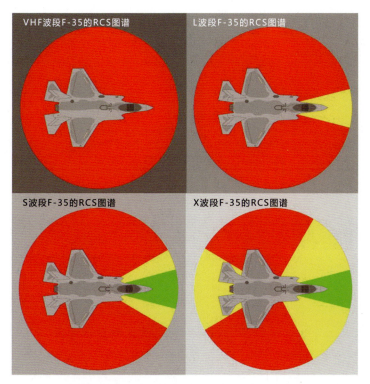

美国 F-35 隐身战斗机在不同波段和不同方位角上的 RCS 示意图（图中红色表示 RCS 最大，黄色其次，绿色最小）

（三）雷达导引系统的工作原理

雷达导引系统通过对目标电磁波回波的处理可得到目标的距离、角度和速度等信息。

1. 目标距离的测量

雷达向空间发射一串周期性脉冲,当接收到目标反射的回波时,回波信号将滞后于发射脉冲一个时间 t_r。设目标的距离为 R,则传播的距离等于电磁波的传播速度乘以时间间隔,可以得到

$$R = \frac{1}{2} c t_r$$

式中:c 为电磁波的传播速度,工程上一般取 $3 \times 10^8 \text{m/s}$。

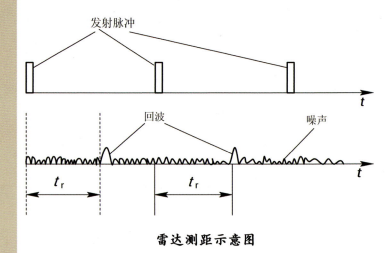

雷达测距示意图

2. 目标角位置的测量

为了确定目标的空间位置,雷达不仅要测定目标的距离,还要测定目标的方向,即测定目标的角坐标,包括方位角和俯仰角。雷达测量目标的角位置主要是利用天线的方向性来实现的。

天线的方向性

天线的方向性指天线辐射或接收电磁波具有一定的方向性。根据系统要求，发射天线把电磁波能量集中在一定方向上辐射出去，接收天线只接收特定方向传来的电磁波。对于一般的雷达导引头，天线可以收发共用。天线的方向性一般用方向图来表示。方向图是指天线的辐射电磁场在一定距离上随空间角分布的图形，呈波瓣形。最大的波瓣称为主瓣，其余的称为旁瓣或副瓣。

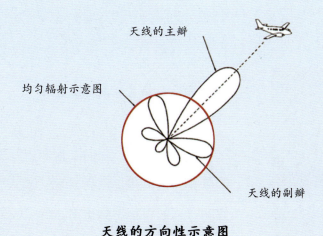

天线的方向性示意图

雷达导引头的测角原理与跟踪雷达相同。要完成对运动目标的跟踪，需要实时测定目标的瞬时角位置，现在的雷达导引头一般使用单脉冲测角方法。

单脉冲测角又叫同时波瓣法。天线有几个独立的分区，同时接收从目标反射的回波信号，将这些回波信号加以比较来获取目标的角位置信息。同时波瓣法主要有四种形式：相位比较式、幅度比较式、相位和差式及幅度和差式。雷达导引头常采用相位和差式。

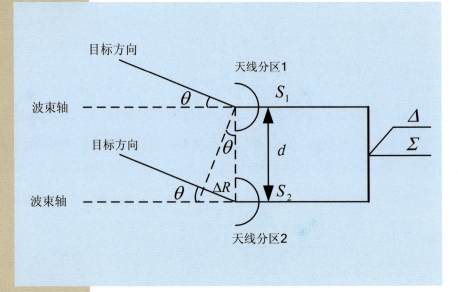

单脉冲相位和差法测角示意图

为方便阐述，我们以俯仰角度测量为例说明单脉冲相位和差式测角的工作原理。设在 θ 方向有远区目标，到达雷达导引头天线的目标回波近似为平面波，两天线分区接收到的信号由于存在波程差 ΔR 而产生相位差 ϕ，即

$$\phi = \frac{2\pi}{\lambda}\Delta R = \frac{2\pi}{\lambda}d\sin\theta$$

式中：λ 为波长；d 为两天线分区相位中心的间距。和通道信号与差通道信号可以分别由下式确定：

$$\Sigma(\theta) = S_1 + S_2$$
$$\Delta(\theta) = S_2 - S_1$$

式中：S_1 和 S_2 是两个天线分区中的信号。S_1 和 S_2 具有相同的幅度，而相位差为 ϕ，因此可以写为

$$S_1 = S_2 e^{-j\phi}$$

因此

$$\Sigma(\theta) = S_2 + (1 + e^{-j\phi})$$

$$\Delta(\theta) = S_2 + (1 - e^{-j\phi})$$

相位的误差信号可以通过计算 $\dfrac{\Delta}{\Sigma}$ 得到，即

$$\frac{\Delta}{\Sigma} = \frac{1 - e^{-j\phi}}{1 + e^{-j\phi}} = j \tan\left(\frac{\phi}{2}\right)$$

综合以上公式，可以得到远区目标的方向：

$$\theta = \arcsin\left(\frac{\lambda}{\pi d} \arctan\left|\frac{\Delta}{\Sigma}\right|\right)$$

理论上，这种方法只要分析一个回波脉冲就可以确定目标的角坐标信息，所以称为"单脉冲测角"。

3. 相对速度的测量

相对速度的测量是通过电磁波的多普勒效应来完成的，当目标与导弹之间存在相对速度时，雷达导引头所接收到的回波信号载频相对于发射信号载频将产生一个频移，即多普勒频移，并有以下关系：

$$v_r = \frac{\lambda f_d}{2}$$

式中：f_d 为多普勒频移；v_r 为导弹与目标的相对速度；λ 为载波波长。

当导弹向着目标运动时，相对速度越大，多普勒频移越高。雷达导引头只要能够测量出回波信号的多普勒频移，就可以确定二者的相对速度。

多普勒效应

当波源和观察者之间存在相对径向运动时，观察者接收到波的频率与波源发出的频率并不相同。例如，我们听到远方急驶过来的火车鸣笛声由低沉变得尖细（频率变高，波长变短），而离我们远去的火车鸣笛声又由尖细变得低沉（频率变低，波长变长），这种现象称为多普勒效应，它是由奥地利物理学家多普勒于1842年发现的。

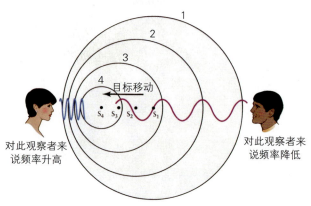

多普勒效应示意图

（四）雷达导引系统的功能和组成

雷达导引系统的主要功能是搜索、探测、截获和跟踪目标，在导弹高速运动中连续不断地测量目标相对于导弹的位置和位置变化率，并由获得的目标相对于导弹的运动参数信息生成导引信息。其主要由天线罩、天线、发射机、频率源、接收机、信号与信息处理机和位标器等组成。

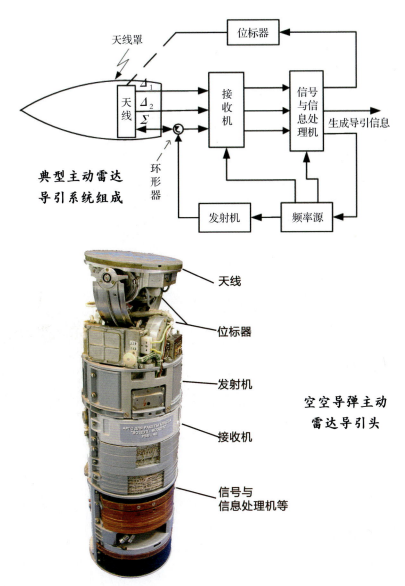

典型主动雷达导引系统组成

空空导弹主动雷达导引头

（1）天线罩是导弹气动外形的重要组成部分，也是透过电磁波的窗口及导引系统的保护装置。

（2）天线能根据要求把电磁波能量集中朝指定方向辐射，并在指定方向上接收信号最强。

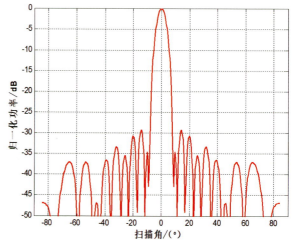

(a) 直角坐标系下的天线方向图

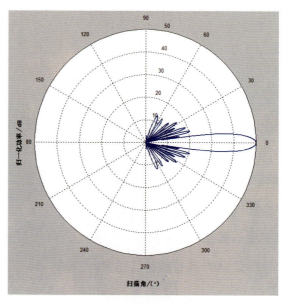

(b) 极坐标下的天线方向图

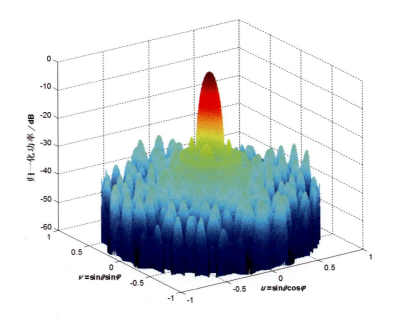

(c)三维坐标系下的天线方向图

典型天线方向图

（3）发射机能够产生大功率电磁波信号，并通过天线辐射出去，形成目标探测信号。

（4）频率源用来产生发射机的激励信号、接收机的本振信号以及信号与信息处理机的基准信号等。

（5）接收机用于从天线接收、提取、放大目标回波信号，以满足信号处理和信息处理的需要。

（6）信号与信息处理机主要用于导引头的信号检测与信息数据处理，获取目标的距离、角度、速度等信息，控制导引头各分组件实现导引回路的闭合，同时完成对干扰的识别与对抗。

（7）位标器主要实现天线指向预定、目标角度跟踪和天线指向稳定等功能。

雷达导引头位标器

雷达导引头位标器的功能

雷达导引头位标器主要有三大功能：天线指向预定、目标角度跟踪和天线指向稳定。

天线指向预定用于完成导引头对目标的初始截获。位标器根据载机雷达给出的目标角位置，控制导引头天线指向目标方向，以使导引头发射机开机即可截获目标。

目标角度跟踪用于实现对目标的动态自动跟踪。当目标偏离导引头天线电轴时，位标器驱动天线对准目标。

天线指向稳定用于实现对目标方位的稳定跟踪和精确测量。空空导弹在高速飞行过程中弹体产生剧烈的扰动，使得导引头天线指向产生抖动。位标器将天线与弹体隔离起来，消除弹体扰动对天线的影响。

在雷达导引系统工作时，发射机将射频能量经天线辐射出去，信息处理机根据目标指示控制位标器，使天线波束指向目标。接收机接收到回波信号后，信息处理机对其进行分析得到目标的速度和角度等信息，实现目标的搜索、截获和跟踪，并生成导引信息。

（五）雷达导引头的分类和发展

1. 雷达导引头的分类

雷达导引头按照体制可分为被动雷达导引头、半主动雷达导引头和主动雷达导引头。

1）被动雷达导引头

被动雷达导引头的工作原理就像一个人在漆黑的夜里寻找一盏明亮的路灯（相当于战斗机、预警机等目标开着机载雷达）。被动雷达导引头通过接收敌方雷达辐射的电磁波确定其位置。这种导引方式主要用于反辐射导弹攻击电磁辐射较强的目标。

被动雷达导引头的缺点是其作用距离和跟踪性能易受到辐射源限制，如果敌方雷达关机会导致导引头丢失目标。

被动雷达制导示意图

美国 AGM-88E 空地反辐射导弹

2）半主动雷达导引头

半主动雷达导引头的工作原理就像一个人利用远处探照灯照射来寻找目标。机载雷达天线照射器（相当于探照灯）"照射"目标，半主动雷达导引头接收目标回波信号，照射器和

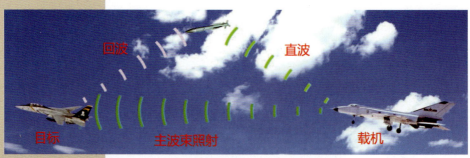

半主动雷达制导示意图

导引头共同工作引导导弹飞向目标。在导弹命中目标前,载机必须始终照射目标,不能机动脱离,因而易遭受敌方飞机攻击。

3)主动雷达导引头

主动雷达导引头的工作原理就像一个人在夜里自己打着手电筒寻找目标。主动雷达导引头除了装有接收装置外,还有自己的发射装置,它能够独自照射目标并通过接收目标回波获取导引信息,引导导弹命中目标。由于主动雷达导引头不需要载机雷达始终照射目标,使得载机可尽早机动脱离,有利于提高载机的生存能力。

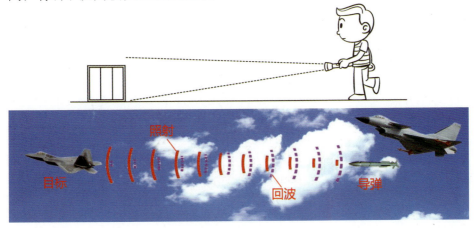

主动雷达制导示意图

2. 雷达导引头的发展

随着技术的进步,雷达导引系统的制导体制经历了由驾束制导、半主动制导到主动制导的发展历程;雷达工作体制由常规脉冲、连续波多普勒发展到脉冲多普勒,测量精度和抗干扰性能也有了很大提高。

1)第一代雷达导引头

第一代雷达导引头以美国 AIM-7A 空空导弹的导引头为代表,采用驾束制导体制,雷达导引头采用固定天线接收方式。导弹发射后,导引头不断接收载机发射的波束信号，引导导弹沿波束轴线飞向目标。它仅能尾追探测小机动的轰炸机等目标，这种体制导引精度较差，未在实战中应用，很快被淘汰。

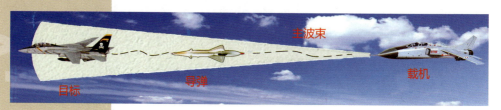

驾束制导示意图

2）第二代雷达导引头

第二代雷达导引头以美国 AIM-7E 空空导弹的导引头为代表，它在制导方式和工作体制上均有了较大的进步。第二代雷达导引头的制导方式采用半主动式，雷达工作体制采用常规脉冲体制和圆锥扫描测角方式。它使导弹能尾追和前向拦截有一定机动能力的飞机，并具有一定的全天候、全向攻击能力。常规脉冲体制导引头的缺点是在低空下视时易受地杂波的影响无法截获目标，使得导弹的低空使用大受限制。圆锥扫描测角方式需要接收一系列的回波信号才能实现角度跟踪，并且与回波信号幅度密切相关，由于在空空导弹高速飞行中目标回波信号幅度变化较大，所以，这种测角方式限制了导引头的角度测量和跟踪精度。

圆锥扫描测角方式

圆锥扫描测角又称时序波瓣法测角。工作时天线波束偏离雷达瞄准轴一个角度，绕瞄准轴快速旋转，在波束最大增益方向扫成一个圆锥体，使目标回波幅度呈正弦调制，可得到瞄准轴与目标之间的角误差信号，用以控制天线向减小目标偏角的方向转动，实现角度跟踪。

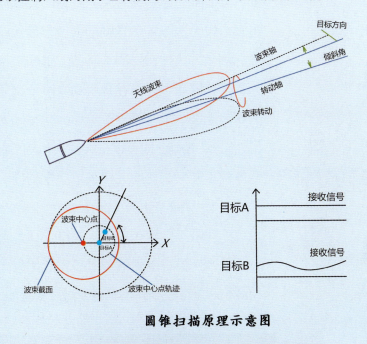

圆锥扫描原理示意图

美国 AIM-7E 空空导弹导引头结构图

3）第三代雷达导引头

第三代雷达导引头以美国 AIM-7M 空空导弹的导引头为代表，制导方式仍采用半主动式，但在工作体制和测角方式上有了很大的改进。相参连续波体制使得导引头能够获取目标的速度信息，从而能够在地杂波背景下将目标检测出来，较大地改善了导弹的低空作战性能；单脉冲测角方式使得导引头具备了跟踪干扰源能力，显著提高了导弹在自卫式噪声干扰环境下的作战性能。第三代雷达导引头使得导弹具有了"三全"功能，即可以全天候（晴天、雨天）、全方位（迎头、侧向或尾追）、全高度（从低于或高于目标的高度）攻击目标。

尽管第三代雷达导引头采用了许多当时的先进技术，但它仍然需要载机雷达照射，武器系统相对复杂，导弹不具备发射后不管能力。

美国 AIM-7M 空空导弹导引头结构图

4）第四代雷达导引头

第四代雷达导引头以美国 AIM-120A 空空导弹的导引头为代表。随着小型化电真空技术、功率半导体技术和功率合成技术的发展，大功率小型化弹载发射机投入工程应用，使得主动雷达导引头成为可能。制导方式采用主动式，雷达工作体制采用脉冲多普勒或准连续波体制，测角方式采用单脉冲测角，除了具备第三代雷达导引头的"三全"功能外，还具备独立搜索和锁定目标能力。在导引头截获目标后载机可完全脱离，实现"发射后不管"，大大提高了载机的战场生存能力。

美国 AIM-120A 空空导弹
主动雷达导引头

俄罗斯 R-77 空空导弹
主动雷达导引头

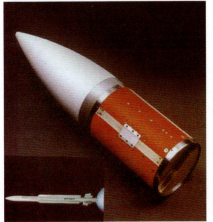

法国 MICA 空空导弹
主动雷达导引头

（六）雷达导引系统的优缺点

雷达导引系统具有如下优点：

（1）探测距离远，导弹具有超视距攻击能力；

（2）可对目标进行全方位探测，导弹具有全向攻击能力；

（3）采用主动雷达导引时，导弹具有"发射后不管能力"；

（4）受云、雨、雾等气象因素影响小，导弹具有全天候作战能力；

（5）具有测速、测角和测距能力，可为导弹提供更全面的制导信息。

雷达导引系统也具有一定的不足：

（1）主动雷达导引时对外发射电磁波，隐蔽性差；

（2）容易受到敌方电子干扰影响；

（3）结构复杂，成本相对较高。

三、多模导引技术及特点

（一）多模导引技术概述

随着光电与电子干扰技术、隐身技术的不断发展和目标性能的不断提高，未来作战环境日趋复杂，对抗不断加剧，单一模式的导引技术难以满足作战需求，而采用多模导引技术可相互弥补各自性能上的不足，充分发挥各自导引体制的优势，有效提高武器作战效能。

几种单一导引模式的特点对比

导引体制	优点	不足
主动雷达	全天候探测 作用距离远 全向攻击	易受电子干扰
被动雷达	全天候探测 作用距离远 隐蔽工作，全向攻击	受对方辐射源限制 测角精度低 无距离信息
红外成像	测角精度高 不受电子干扰 目标成像	无距离信息 不能全天候工作 作用距离较近
激光	测角精度高 不受电子干扰 主动式可测距	大气衰减大 探测距离近 易受烟雾干扰

（二）多模导引头的主要复合方式

多模导引头可由不同种类的探测系统（红外、雷达、激光等）组合而成，也可由同一种类不同波段探测系统或同一种类不同体制（主动雷达、半主动雷达、被动雷达）探测系统组合而成。

1. 光学双（多）波段导引头

利用目标与干扰在光谱能量分布上的不同确定导引头的两个或多个工作波段，通过接收目标与干扰在双（多）波段上的能量并加以比对，提高导引头的探测灵敏度和探测距离，改善抗背景和红外诱饵干扰的能力。目前国外的双波段导引头已进入型号应用。

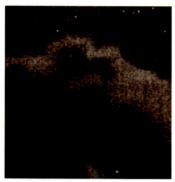

云背景在不同波段上的红外图像

飞机在不同波段上的红外图像

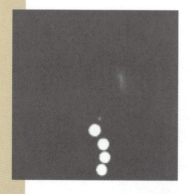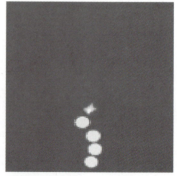

飞机和红外诱饵在不同波段上的红外图像

2. 主动雷达/红外双模导引头

主动雷达导引头可获得精确的距离信息和径向速度信息，有很好的穿透云、雾和战场烽烟的能力，作用距离远，对红外诱饵干扰不敏感，但它易受箔条或其他雷达波的干扰，空间分辨力相对低。而红外导引头空间分辨力相对较高，制导精度高，对电磁干扰不敏感，但易受天气影响，不具备全天候使用能力，易受红外诱饵干扰。将两者复合运用，综合利用两种体制的优点使系统具有更强的战场环境适应能力和抗干扰能力。

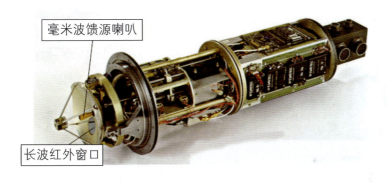

欧洲泰利斯公司的主动雷达/红外双模导引头样机

3、主/被动雷达复合导引头

与主动和半主动雷达导引头相比，被动雷达导引头探测距离一般比较远，并且被动雷达导引头本身不辐射信号，对方的导弹告警装置无法侦察，攻击具有隐蔽性，但被动雷达导引头不能测距和测速，且测角精度较差。主动雷达导引头能够对目标速度、距离和角度进行精确测量，对目标的探测不依赖于目标自身的电磁辐射，具有抗雷达关机能力。因此，主/被动雷达复合导引可以通过优势互补，提高导引头的整体性能。主动模式和被动模式既可以顺序工作，又可以同时工作，对两种模式的测量信息进行融合处理可以更有效地提高导引头的跟踪性能和抗干扰性能，是一种实现远距离精确制导的措施。

（三）多模导引系统的优缺点

多模导引系统具有如下优点：

（1）目标信息量多，探测距离远，导引精度高；

（2）多种探测体制优势互补，抗背景和人为干扰能力强，战场适应性好；

（3）导引体制可根据需求切换使用，战术使用灵活。

多模导引系统也具有一定的不足：

（1）成本高，系统复杂；

（2）小型化设计技术难度大。

第四章 空空导弹精确制导技术面临的挑战

一、空空导弹面临的战场环境

二、战场环境对空空导弹的挑战及应对措施

战场环境是现代战争中影响精确制导武器作战性能发挥的重要因素，会从不同特性上影响空空导弹探测、识别、跟踪和打击目标的能力，对空空导弹精确制导技术的发展提出了新的挑战。

一、空空导弹面临的战场环境

（一）风云多变的自然环境

自然环境主要包括气象天候环境和地形地物环境。气象天候环境主要是指太阳、云、雨、雾、天空背景等复杂气象天候要素。地形地物环境是指山地、建筑、森林、岛屿、海洋等地形地物要素。自然环境对空空导弹的影响主要体现在大气衰减和空中、地/海等杂波影响上。

空中和地面战场环境

空中和地面战场环境

（二）无处不在的电磁环境

电磁环境是指在一定时间和空间内，由数量众多、体制各异、来源复杂的电磁信号构成的无形电磁环境。根据电磁环境的形成机理，主要由自然电磁辐射和人为电磁辐射组成。

自然电磁辐射是大自然中原本就存在的电磁波辐射，主要包括静电、雷电、大气辐射和地磁场等自然辐射。

人为电磁辐射是由人工操控条件下各种电子及电器设备向空间发射的电磁辐射，它是战场电磁环境的主体。一种是针对式的电磁辐射干扰，如电子战干扰源和电磁脉冲武器等；另一种是非针对式的电磁辐射干扰，如各种雷达和通信器材等形成的电磁辐射。

现代战场上电子信息装备大量使用，电磁辐射信号种类繁多，导致电磁环境趋于复杂，形成了时间上动态变化、频域上相互重叠、能量上强弱起伏的"电磁丛林"。

地面人为电磁干扰

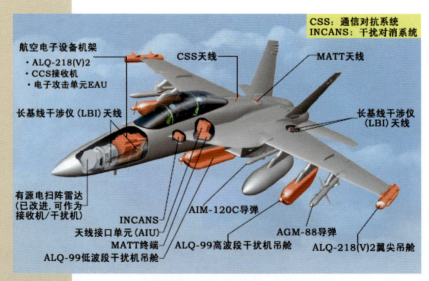

美国 EA-18G 电子战飞机
布置的机载干扰设备

（三）复杂多样的目标环境

随着技术的进步，战斗机、无人机等空中飞行器呈现出隐身化、高速化和强突防的特征，作战使用更加灵活，对抗手段更加多样。

1. 匿迹潜行——隐身目标日趋繁多

隐身目标通过改变外形结构、采用吸收雷达波的涂敷材料、结构材料以及红外抑制技术，并降低自身的雷达和红外特征，从而使空空导弹难以发现和跟踪。特别是对于雷达型空空导弹，目标的RCS降低一个数量级，导引头的探测距离下降近50%。

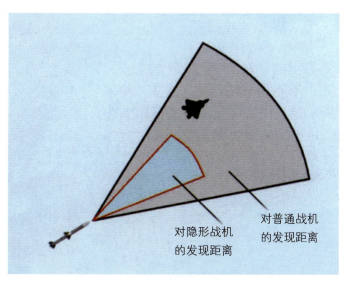

导引头对隐身和非隐身飞机的发现距离对比

海湾战争中，美军派出了42架F-117隐身战斗机，出动1300余架次，仅占总飞行架次的2%，却攻击了40%的重要战略目标，而自身没有受到任何损失。随着各种高新技术的发展和应用，具有隐身特性的无人机也将逐步进入空战体系。

美国 B-2 隐身轰炸机

美国 F-117 隐身战斗机

美国 F-22 隐身战斗机

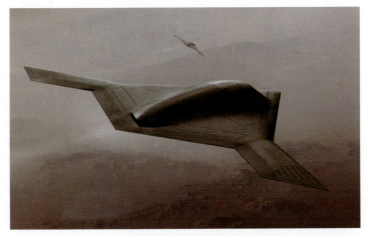

美国 X-47B 隐身无人机

2. 移形换影——大机动目标逐渐出现

目前,常规战斗机的最大机动过载为 9,未来战斗机和无人机等飞行器机动能力将越来越强,尤其是无人机,没有了飞行员生理的限制,最大瞬时过载可达 15～20。

3. 风驰电掣——高空、高速目标发展迅速

未来空战目标的高空、高速化的发展趋势日渐显著。作战目标的飞行高度由 25km 内的大气层向临近空间拓展，飞行速度向高超声速发展。例如，美国开发的 X-51A 高超声速飞行器，其巡航高度为 30km，巡航速度马赫数为 6；X-43A 验证机的飞行速度马赫数已突破 9.7。

美国 X-43A 验证机

美国 X-51A 高超声速飞行器

二、战场环境对空空导弹的挑战及应对措施

（一）自然环境对空空导弹的挑战及应对措施

1. 自然环境对红外型空空导弹的挑战及应对措施

自然环境对红外型空空导弹的影响主要体现在太阳、天空背景、地物背景和复杂气候等方面。

太阳是极其强烈的红外辐射源，若进入红外导引头的太阳光（杂散光）辐射强度大于目标的辐射强度，导引头无法正常工作。通过"太阳夹角"来考核红外导引头抗太阳干扰的性能，一般红外导引头抗太阳夹角为 8°～12°。

太阳辐射

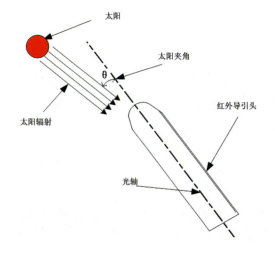

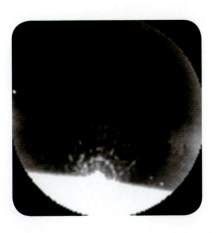

太阳夹角及杂散光影响

天空背景的影响主要来源于云层。云层对太阳光的散射及自身辐射能在导引头上产生杂波信号，容易形成假目标，影响导引头对目标的稳定截获和跟踪。同时大面积云层容易将目标遮挡，使导引头的作用距离降低，甚至"看不到"目标。

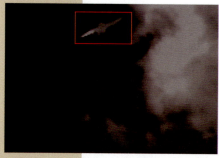 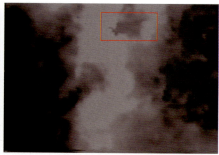

飞机在复杂云层背景的红外图像（红框内为飞机）

地物背景自身的热辐射和对太阳光的反射，使得导引头难以在背景中发现目标。

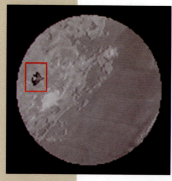 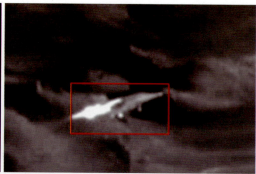

飞机在复杂地物背景中的红外图像（红框内为飞机）

红外导引头对气候环境的适应能力较弱，雨、雾、雪、沙尘等复杂气象环境会严重衰减目标辐射的红外能量，极大地降低红外导引头对目标的探测距离。

为对抗复杂自然环境的影响，红外导引头通常采取的对抗措施有：根据云层、地物等自然背景多为大面积连续分布的特点和飞机目标多为孤立点状分布的特点，导引头通常采用空间滤波的方法抑制背景，增强目标与背景的对比度；根据飞机目标相对于自然背景在空间运动的特点，采用运动目标检测技术抑制背景干扰。此外，还可以提高导引头的空间分辨率，提取飞机目标和自然背景更多的形状特征，加以区分；同时也可采用双波段（多波段）探测技术，利用飞机目标和自然背景在波段特征上的差异，加以区分。

2. 自然环境对雷达型空空导弹的挑战及应对措施

云、雨、雾等气候环境对雷达波传输影响较小，因此雷达导引头对气候环境的适应能力较强，但是雷达导引头容易受到地/海杂波的影响。尤其是在低空下视时，杂波环境会变得更加恶劣，一方面杂波本身会被作为目标误检；另一方面杂波抬高了检测目标时的背景噪声门限，降低了导引头对目标的探测距离。

从第三代雷达型空空导弹后，雷达导引头采用脉冲多普勒（或连续波多普勒）体制有效地抑制了地/海杂波干扰，使空空导弹具有了低空下视攻击目标能力。

脉冲多普勒体制抑制地/海杂波的主要原理：导弹相对空中目标的速度和相对地面的速度不同，使得目标回波和地面回波具有不同的多普勒频移，导引头可以利用这种不同来滤除地/海杂波的影响。

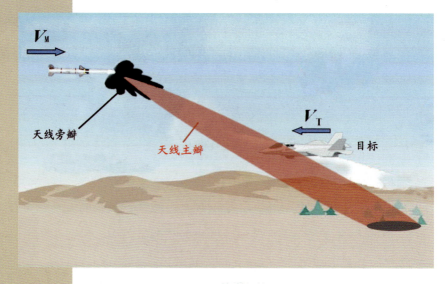

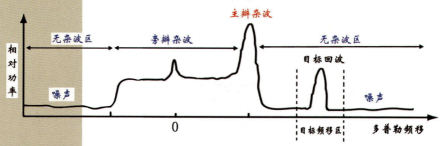

空空导弹低空下视情况下地杂波分布图

（二）人为干扰对空空导弹的挑战及应对措施

1. 人为干扰对红外型空空导弹的挑战及应对措施

1）红外诱饵弹

被抛射点燃后产生高温火焰，并在一定的光谱范围内产生强红外辐射，从而诱骗红外型空空导弹，使其脱离对目标的跟踪，达到保护目标的目的。红外诱饵弹是现今性价比最高、运用最广泛的红外对抗手段。国外装备的红外诱饵弹主要有 MK-36、MK-46/47、MJV-7、MJV-8、M206 等。

战斗机正在发射红外诱饵弹

大面积投放红外诱饵弹

新型红外诱饵弹有以下几类：

（1）多点源/面源型诱饵弹。发射后能在载机周围形成大面积红外干扰云团，可在导引头视场内遮蔽载机或者模拟载机形状。

（2）伴飞式诱饵弹。发射后与飞机同时飞行一段时间，可延长诱饵在导引头视场内的存留时间，提高与飞机的轨迹相似度。

（3）光谱式诱饵弹。发射后能模拟飞机在一定波段内的光谱能量分布，提高诱饵与飞机的光谱特征相似度。

美国F-22隐身战斗机投放新型红外诱饵弹

针对红外诱饵干扰，红外导引头通常采取的对抗措施包括：利用目标和干扰的形状特征和能量特征差异；利用目标和干扰在两个(多个)波段上能量分布差异和在惯性空间的运动特征差异等进行干扰识别。通常在红外多元或成像导引头上实现上述措施。

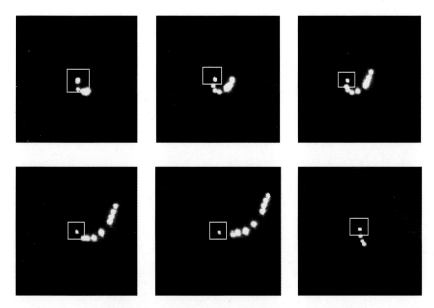

红外成像导引头抗多颗红外诱饵干扰示意图

2）红外定向干扰

能够发射高能量窄波束红外脉冲，在导弹告警设备的引导下，照射来袭导弹的导引头。只要入射的红外干扰在导引头工作波段内，并且达到足够的强度，就能达到欺骗、致眩及信号饱和的效果，起到干扰作用。红外定向干扰可采用常规红外光源也可采用激光。激光凭借其功率大、定向性好的优点已成为红外定向干扰系统的发展主流。

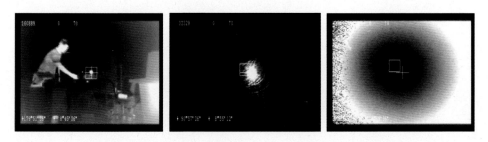

**激光干扰前的红外图像（左）和不同强度激光干
扰时的红外图像（中、右）**

美国诺斯罗普·格鲁曼公司的 AN/AAQ-24 DIRCM 系统是当前应用较多的激光定向干扰系统，采用 Viper 多波段激光器。其改进型为 C-17 等大型飞机装备的 LAIRCM 激光定向干扰系统。随着固体可变频红外激光技术的发展，能覆盖整个红外波段、体积小、重量轻、耗电少、能量强的红外激光器已经出现，未来将装备战斗机等军用飞机上。

诺斯罗普·格鲁曼公司的
AN/AAQ-24 DIRCM 系统

诺斯罗普·格鲁曼公司用于 DIRCM
系统的 Viper 多波段激光器

针对红外定向干扰，红外导引头可以采取的对抗措施有：在导引头光学系统上采取激光防护技术，利用二氧化钒（VO_2）与五氧化二钒（V_2O_5）薄膜良好的相变特性，在中波、长波波段上对弱光呈高透射率，使红外探测器有效地接收目标红外辐射，而对强激光则呈低透射率，阻止其通过。此外，还可采用复合探测体制，将激光源作为目标进行探测。

2. 人为干扰对雷达型空空导弹的挑战及应对措施

人为干扰按照干扰源类型可以分为有源干扰和无源干扰两种，其中压制式干扰、欺骗式干扰和箔条干扰是雷达型空空导弹经常遇到的干扰形式。

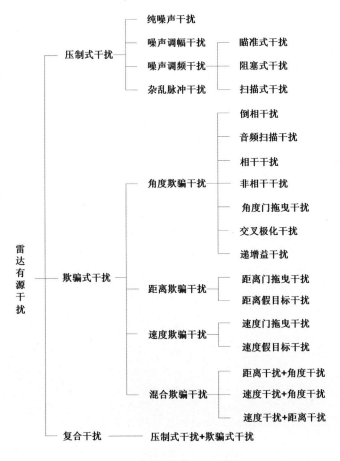

有源干扰分类图

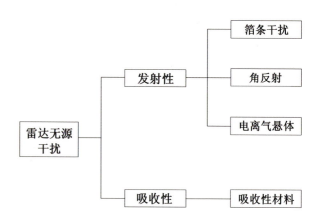

无源干扰分类图

1）压制式干扰

压制式干扰主要依靠发出大量的杂乱信号来压制或掩盖目标回波信号，主要分为宽带阻塞噪声、窄带瞄准噪声和杂乱脉冲干扰等。压制式干扰是专用电子战飞机的主要干扰样式，例如，美国的 EA-6B "徘徊者"和 EA-18G "咆哮者"电子战飞机均携带超大功率的压制式干扰吊舱。

美国 EA-6B 和 EA-18G 电子战飞机

对抗压制式干扰的主要措施：跟踪干扰源，变换工作频率和波段等。

2）欺骗式干扰

欺骗式干扰主要依靠发出与目标回波相似的干扰信号，使雷达导引头难以辨别真假，从而无法实现精确制导。欺骗式干扰主要分为速度欺骗、距离欺骗、角度欺骗和混合欺骗四种模式。

拖曳式诱饵干扰是现今对付雷达导引头较为有效的干扰手段。拖曳式诱饵通过拖曳线与载机一起运动，能够逼真地模拟载机的航速、航向及雷达反射特征，使导引头无法通过运动特性来区分载机和诱饵。随着技术的发展，拖曳式诱饵还可以施放速度欺骗、距离欺骗等欺骗式干扰以及噪声干扰，进一步提高了干扰效果。

对抗欺骗式干扰的主要措施：采用频率捷变，提高雷达导引头空间分辨率和测距精度，多信息源综合利用，也可采用多模复合制导体制等方法。

美国 ALQ-165(V) 内置式电子干扰吊舱

美国 ALQ-184 外挂式电子干扰吊舱

带有拖曳式有源雷达诱饵的飞机

3）箔条干扰

箔条干扰就是利用金属或镀金属的介质制成的细丝、箔片或条带强烈反射电磁波，掩盖真实目标信号，达到使导引头无法跟踪真实目标的目的。箔条干扰发射后速度会慢慢下降，从而与载机速度产生一定偏差，因此可以采用增大导引头分析带宽的方式，根据干扰与目标速度的差异来分辨箔条干扰和目标。

（三）目标环境对空空导弹的挑战及应对措施

1. 目标环境对红外型空空导弹的挑战及应对措施

对于红外型空空导弹，目标环境的影响主要体现在飞机目标的红外隐

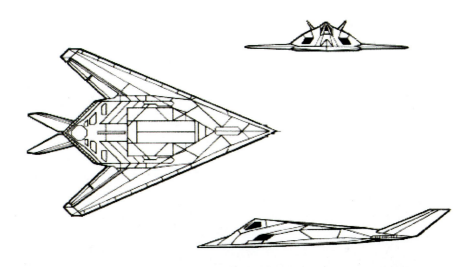

美国F-117战斗机采用的狭长缝隙式二元尾喷口

美国B-2轰炸机采用的"海狸尾"形状尾喷口

身上。红外隐身技术采用热抑制方式降低目标的红外辐射强度，减小红外型空空导弹对目标的探测距离。主要的热抑制方式有：利用机身结构件在较大的观测角度下遮挡尾喷口；采用涡扇发动机，在尾气流中引入冷空气来降低尾气流温度。

  主要应对措施：采用大口径光学系统、高灵敏度探测器和低信噪比截获算法等措施，提高导引头的探测灵敏度，增强对隐身目标的探测能力。

美国 F-22 隐身战斗机采用蝶状尾翼遮挡尾喷口

美国 F-35 隐身战斗机采用
蝶状尾翼遮挡尾喷口

2. 目标环境对雷达型空空导弹的挑战及应对措施

目标环境对雷达型空空导弹的影响主要体现在雷达隐身目标方面。对抗隐身目标的主要措施如下：

（1）能量反隐身技术。增大导引头有效辐射功率，减小导引头系统噪声，采用长时间相参积累等低信噪比截获技术，增强对弱小信号的检测能力。

（2）频域反隐身技术。利用隐身目标只能在特定波段隐身的特点，采用毫米波或米波等不同波段实现频域反隐身。

（3）空域反隐身技术。隐身目标通常在头锥方向的隐身性能较好，在背部、侧向的隐身效果较差，导弹可避开隐身目标低RCS方向，从其他角度攻击。

（4）体制反隐身技术。利用雷达/红外复合或雷达/激光复合等多模复合探测体制，提高导弹反隐身能力。

第五章 未来空空导弹精确制导技术应用展望

05

一、未来空空导弹发展趋势

二、空空导弹精确制导技术发展方向

三、结束语

随着各种高新技术的发展,未来空战环境将更加恶劣,作战目标更加多样,各种光电、电磁等新型干扰手段不断出现,空空导弹的发展必须与作战需求相适应,与技术发展水平相匹配,才能在未来空战中保证空中优势。

一、未来空空导弹发展趋势

适应体系化对抗要求、不断提高打击能力,是军事斗争形势对空空导弹发展的主要需求。以下为未来空空导弹的发展趋势。

(1)反隐身。隐身能力是第四代战斗机的典型特征,无人作战飞机和巡航导弹的RCS也

美国F-35隐身战斗机

较小。美国空军的黑计划对轰炸机和运输机也要采取隐身措施。未来空空导弹必须具有较强的反隐身能力。

俄罗斯T-50隐身战斗机

美国RQ-170隐身无人机

欧洲"神经元"隐身无人机

美国 AGM-158 隐身巡航导弹

（2）增射程。为了在空战中做到"三先"原则："先敌发现、先敌发射和先敌杀伤"，空空导弹的射程范围必须进一步扩大，远距空空导弹的射程达到 400km，中距增程型空空导弹的射程达到 200km。

（3）网络化。制导信息的来源从单平台向网络过渡，空空导弹需要具备网络信息获取和网络制导能力，综合利用卫星、预警机、地面雷达和机载雷达等提供的目标信息。

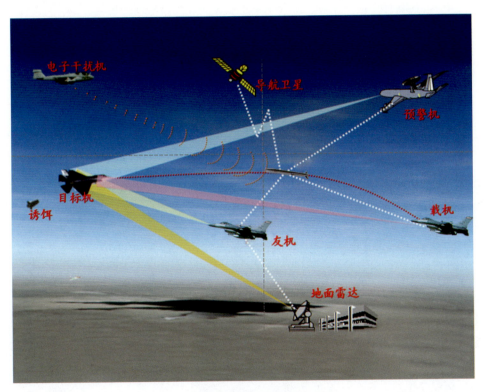

网络化作战示意图

（4）多用途。隐身飞机受内埋武器舱尺寸的限制，内埋挂装的导弹数量有限，装备具有空空作战和空地反辐射打击双重用途的导弹，可以有效提高飞机的作战效能。

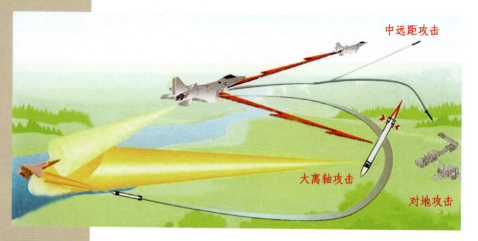

多用途作战示意图

（5）抗干扰。作战飞机广泛采用光电、电磁以及各种综合干扰手段，可实施全频段、大功率干扰，干扰方式多样化和智能化，并且各种组合干扰、新型干扰不断出现（拖曳式诱饵干扰、伴飞干扰、激光干扰等）。空空导弹只有进一步增强抗干扰能力，才能在未来复杂干扰环境下有效发挥作用。

空空导弹面临的多种干扰

（6）小型化。为了适应第四代战斗机和无人作战飞机高密度内埋挂装要求，提高载机作战效能，空空导弹在增加射程的同时，还要进一步减小尺寸。

美国 F-22 隐身战斗机的内埋武器舱

（7）拓范围。未来战场呈现出空天融合、大纵深、深尺度的趋势，作战空间向临近空间乃至外层空间延伸。对临近空间飞行器类目标，现有的空空导弹攻击能力不足甚至无法使用，需要发展新型的反临近空间机载导弹。

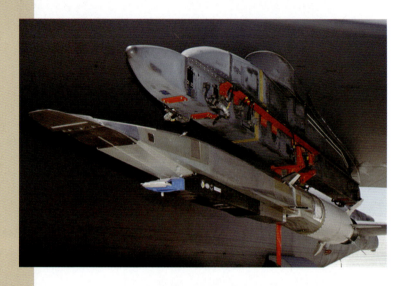

B-52轰炸机挂载的X-51A临近空间飞行器

二、空空导弹精确制导技术发展方向

（一）多波段红外成像探测技术

单波段成像制导武器在对抗新型红外干扰方面存在一定的困难，多波段成像制导技术是一种对抗新型红外诱饵干扰的可能途径。

（二）相控阵雷达导引技术

作为雷达导引技术发展的一个新领域，相控阵雷达导引头具有灵活的波束指向、可变的波束形状、大功率和可控的空间功率管理等优点，而且具有体积小、重量轻、可靠性高等特点，比传统雷达导引头作用距离远，抗人为干扰和地/海杂波能力强。

美国研制的相控阵雷达导引头阵面

（三）多模复合导引技术

（1）主/被动雷达复合导引技术。主/被动雷达复合导引技术可满足导弹对辐射源远距离探测和末段高精度制导的要求。

（2）主动雷达/红外复合导引技术。主动雷达/红外复合导引技术

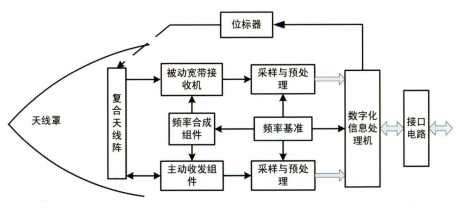

一种主/被动雷达复合导引原理框图

具有更好的战场环境适应性和战术使用灵活性，可进一步提高导引头的探测距离和抗干扰能力。

（3）主动激光/红外成像复合制导技术。

激光主动成像具有角分辨率高、可以测距、测

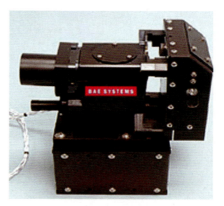

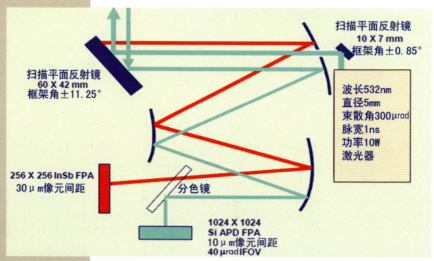

英国研制的激光/红外导引头系统布局及激光单元
InSb FPA——锑化铟焦平面阵列；APD FPA——雪崩光电二极管焦平面阵列；IFOV——瞬时视场

速和三维立体成像的优点，而红外成像系统具有作用距离远、视场大的优点，采用主动激光/红外成像复合制导技术可以有效提取目标与干扰在形状、能量、速度、距离等特征差异，大幅提高目标识别和抗干扰能力。

三、结束语

随着精确制导技术的不断进步，各种类型的精确制导武器均取得了迅猛发展。精确制导技术是决定空空导弹性能高低最关键、最重要的核心技术，在空空导弹技术领域有"一代头一代弹"的说法，是空空导弹更新换代的重要标志。

精确制导技术的需求牵引是无止境的，其技术发展进步也是无止境的。空战强攻防、高对抗的需求特点对精确制导技术不断提出了更为严酷的要求和挑战，并持续推动着精确制导技术的发展。未来，精确制导技术的进步必将推动空空导弹技术水平的进一步提升，使之成为维护国家安全和利益拓展的神兵利器！

参考文献

[1] 樊会涛, 吕长启, 林忠贤, 等. 空空导弹系统总体设计 [M]. 北京: 国防工业出版社, 2006.

[2] 郑志伟, 白晓东, 胡功衔, 等. 空空导弹红外导引系统设计 [M]. 北京: 国防工业出版社, 2006.

[3] 机载制导武器编委会. 机载制导武器 [M]. 北京: 航空工业出版社, 2009.

[4] 空空导弹系统概论编委会. 空空导弹系统概论 [M]. 北京: 兵器工业出版社, 1997.

[5] 中国航天工业总公司《世界导弹大全》修订委员会. 世界导弹大全 [M]. 北京: 军事科学出版社, 1998.

[6] 白晓东, 刘代军. 关于精确制导武器制导技术演示验证的思考 [J]. 航空兵器, 2004, 05.

[7] 徐振亚, 白晓东, 李丽娟. 基于作用距离的红外探测系统工作波段选择方法 [J]. 红外, 2011, 03.

[8] 樊会涛, 等. 空空导弹设计丛书 [M]. 北京: 航空工业出版社, 2006 年.

[9] 樊会涛. 第五代空空导弹的特点及关键技术 [J]. 航空科学技术, 2011, 03.

[10] 樊会涛, 王起飞. 远程空空导弹的发展及其关键技术 [J]. 航空兵器, 2006, 01.

[11] 樊会涛, 刘代军. 红外近距格斗空空导弹发展展望 [J]. 红外与激光工程, 2005, 05.

[12] 樊会涛, 刘代军. 更远、更敏捷、更有效——发展中的红外近距格斗导弹 [J]. 航空兵器, 2003, 05.

[13] 付强 , 何峻 , 等 . 精确制导武器技术应用向导 [M]. 北京 : 国防工业出版社 ,2010.

[14] 王新林 , 任淼 .AAAM(先进空空导弹) 发展史 [J]. 航空兵器 ,2008,01.

[15] 任淼 , 王秀萍 .2011 年国外空空导弹发展综述 [J]. 航空兵器 ,2012,03.

[16] 石晓光 , 王蓟 , 叶文 , 等 . 红外物理 [M]. 北京：兵器工业出版社 ,2006.

[17] 徐春夷 . 国外导引头技术现状及发展趋势 [J]. 制导与引信 ,2012(2).

[18] 陈佐周 , 朱宝鎏 , 翟宝林 , 等 . 世界导弹知识图册 [M]. 北京：兵器工业出版社 ,1998.

[19] 赵育善 , 吴斌 , 等 . 导弹引论 [M]. 西安：西北工业大学出版社 ,2000.

[20] 孙连山 , 梁学明 . 航空武器发展史 [M]. 北京：航空工业出版社 ,2004.